同成社近現代史叢書⑬

日本の植民地支配と朝鮮農民

樋口雄一

同成社

まえがき

植民地下朝鮮人人口の内八割を占めていたのが農民たちであった。この時代の歴史の主人公である。この農民たちがどのような暮らしをしていたのかについて、私たち日本人はどの程度知っているであろうか。私を含めてほとんど知らないと言っても良いのである。むしろ関心も持ってこなかったと言えるであろう。しかし、植民地支配の本質を知るには朝鮮農民の状況を知ることが不可欠である。また、日本の植民地支配下の実状についての朝鮮史分野での研究は、支配機構や鉄道などのインフラ整備などについての論文があるが、具体的な農村社会についての論考は極めて少ない。韓国でも戦時下農民生活実態の研究は最近始まったばかりである。本書では戦時下朝鮮農民の食生活、凶作下の農村と農民の動向などに焦点をあてて植民地支配末期の状態を明らかにした。植民地朝鮮の現実は極めて厳しいものであった。

韓国・朝鮮民衆はこの時期の厳しさを体験的に身にしみて知っているが、植民者としての日本人にはこうした暮らしについてはほとんど見えなかった。戦後に至っても新たに植民地下の朝鮮について知ることなく現在に至っている。この韓国・朝鮮人と日本人の認識の差が歴史認識の違いになって表出していると考えられる。本書で植民地支配下の実状を知ることによって植民地支配の問題を考え、日本人が朝鮮認識について考える材料になれば幸いである。

本書で戦時下（一九三九－四五）年を対象にしたのは植民地支配期の総括的な矛盾が表出した時期に相当し、日本の戦時経済の矛盾が朝鮮農民の上に降りかかっていた時期であるためである。叙述にあたっては植民地支配の事実を資料に基づいて考えることを第一に考え作成し、日本の植民地支配の現実を客観的に確認できるようにした。

目次

日本の植民地支配と朝鮮農民

1939年当時の朝鮮半島の地図と主要都市
（都市名は当時のママとした）

第一章　朝鮮農民の食と栄養

第一節　植民地下朝鮮人児童の身長低下

植民地下の朝鮮人農民生活への関心から、特に栄養状態について調べてみたいと思うようになったきっかけは、一九四〇年に刊行された『朝鮮の農村衛生』（岩波書店）という調査報告書のなかに、次のように農民たちの身長について調査・報告をしている部分があったからである。これによれば当時の日本人農民の身長は一五七センチ前後であったが、朝鮮の調査地である慶尚南道蔚山邑達里（現在の蔚山特別市）の農民八一名（二〇－五〇歳）の平均身長は一六四センチであり、七センチも朝鮮人の方が高い身長を保っていた。また、体重も朝鮮人の方が三キログラムも多く、日本人に較べ朝鮮人の方が体格が良いと言える状態であった。

ところが、達里の子どもたちの身長は日本人の子どもたちより各年齢ともに低くなっているのである。少し長くなるがこの時期の農民の栄養状態とも関連し、重要なことなので達里調査の身長調査の結論部分のみを引用しておきたい。

「二〇年前に生まれた現在の達里成年男子の身長は内地（日本）のそれより高いのに対し、発育期にある今の児童の身長が、いかなる年齢に於いても例外なく、内地児童より低いということは、実に経済的生活の低悪にともなう栄養の不良を反映するものである。即ち歴史的に、朝鮮の一農村の児童の体格が低下していることをしめすものであって、勿論発育期の末期に於いて急激に身長が伸びるものとは考えられないのである。達里の児童が成人した暁には、現在の成人より遥かに身長が低くなるであろう、さらにまた内地人より将来低くなるであろう、という様なことは、調査当時眼前に見る児童たちの体格からして充分推察されたところである。体格調査の時成人の体格が割合いいのに反し、児童のいかにも劣勢な体格は甚だいたましく感ぜられたのであるが、この感じが今統計的に明白になったのに過ぎないのである。」（傍線は筆者　一部現代仮名使いにした）

朝鮮人の子どもたちが成人した場合には当時の朝鮮人成人より、また、日本人より身長が低くなると数字をあげて指摘しているのである。

栄養状態が体格に影響を与えることは戦後日本でも、あるいは韓国でも眼前に実証されているところである。これを朝鮮の歴史的な条件から言えば次のようなことが言える。

この調査は一九三六年の夏に実施されたのであるから一九一〇年の「韓国併合」以降から二六年を経た後の調査である。この間、朝鮮人の体位は現状を維持し、あるいは向上していたのではない。むしろ、達里のように植民地支配下に朝鮮人の体位は次第に低下していた事実が証明されているのである。しかも、体位という「生活状態を最も直接的に反映する衛生学的部面」(1)で目に見える形で、著しいとも言える体位の低下が植民地下に進行していたということである。

また、この調査では食糧自給層と貧窮層に分けて調査され、明白に貧窮層の身長が低いという結果が記録されている。

この調査報告書を読み、植民地下に朝鮮農民が厳しい食生活の状況下に置かれ、身長までも低下していたことに大きな衝撃を受けたのである。体位の低下は身長に限らず、胸囲・体重などにも及んでいた。少なくともこの調査報告書では植民地期になって生まれた子どもたちの体位低下を数字で提示しているのである。言い換えれば植民地になる以前に育った人々は、日本人より身長が大きく育つことの出来る食の条件下にあり、「韓国併合」以降は一貫して身長が低くなっているということが達里という農村で実証されたということを意味している。

このことについては朝鮮南部の人口増加によって戸数が増加し、土地が細分化されて、小作農が増加した結果、栄養状態、食の事情が悪化したという要因もあるという意見がある。南部の米の生産量は増大しており、一概には原因を確定出来ない。朝鮮人の食生活に重要な役割を担っていた畑作物について総督府が一貫して軽視していたことなどを含めて検証しなければならない。しかし、達里の事実は否定しがたいものであり、朝鮮における食＝栄養摂取の全体状況を把握しておく必要がある。

私の文献調査では朝鮮人がどのような食事をしていたのか、栄養状態はどのようなものであったのかについて総督府は正確な調査をほとんど行っていないのではないか、と思われる。

しかし、一九三八年を中心に、その後、京城帝国大学医学部の衛生学教室や小児科関係の医学者たちがいくつかの調査・研究を行っていることが判った。食生活の内容を具体的に調査しているのである。また、朝鮮人の寿命を明らかにする生命表を独自に集計・作成している。この章では朝鮮人の食の実態・栄養状態などについて、この医学者たちが行った調査報告書によって明らかにしていきたい。

なお、この『朝鮮の農村衛生』調査に信頼性を寄せた理由は、総督府の調査、朝鮮農会などの調査ではなく、東京大学医学部の学生八名と経済学部一名、女子医専三名の医学生のグループが行った調査であること、当時の最新の知識と方法をもって行われたと考えられること、報告書作成は即製ではなく、三年間をかけて行われていること、医学生の何人かは朝鮮人であり、特に調査地の達里出身者（東畑精一門下の姜鋋澤）が中心となっていること、当時としては貴重な存在であった女性医学生が参加し、本書では女性の食に関する調査や女性の衛生問題も取り上げられていたこと、などを通じて聞き取りを含めた調査が行われたことが、本資料に科学的な信頼を置くことが出来る要因になっている。労働調査などで有名な暉峻義等が序を寄せて渋沢敬三が跋文を書いている。朝鮮で行われた農村調査ではもっとも信頼を置ける調査報告書であると考えている。

第二節　朝鮮における小学校児童の食事と栄養状態
――日本人小学生との差異を中心に――

1　食の一般事情と「学童食調査」

戦時下には朝鮮人が食糧を確保することが困難になり、さまざまな問題を提起することとなった。食糧問題は朝鮮人人口の八割を占めていた農村からの農民離村を増加させ、直接朝鮮人の生命を危機にさらすことにもなった。朝鮮農民にとってはどのように食糧を確保していくかということが最重要な課題になっていた。朝鮮総督府でさえ「朝鮮における農家総戸数二九〇万余戸の内、其の約八割、二三〇万余戸は何れも小作並びに自作兼小作階級に属する小細農であって、これらの農家の大部分は年々歳々端境期においては、食糧に不足を告げ、食を山野に求めて草根木皮を漁り、辛うじて一家の糊口を凌ぎつつあるものまた少なくない」としている通りであった(2)。

朝鮮には春窮期という言葉があり、端境期には農民たちは工夫をこらして食と生命を維持しなければならなかった。これは春窮期に限らず恒常的な食糧不足のなかで暮らし、春窮期には特に食糧が不足していたと考えられる。こうした意味では戦時下の朝鮮人の食糧の確保、栄養の摂取方法などという課題は歴史的にも社会学的にも朝鮮の植民地支配を考える上では欠くことのできないテーマである。特に「植民地支配」のイメージを画く際には朝鮮人の食事の内容、その結果として栄養状態はどのようなものであったのかについて具体的に知ることが必要である。

朝鮮農民はさまざまな工夫をして食の確保をしていたが、実際の食生活については極めて限られた資料以外は発見されていない。具体的にどのようなものを摂取していたかについては部分的に明らかになっているにすぎない。特に朝鮮にいた日本人植民者との違いや差についての統計的な資料はごく部分的に存在するにすぎない。

こうした研究、資料状況のなかで医学者たちが残した資料のなかに衛生・栄養状態に関する調査報告書がいくつか残されている。本稿ではこうした論文の内、日本人・朝鮮人小学生の栄養摂取に関する調査報告書を取り上げて、このなかから朝鮮人の置かれていた食事の実態と栄養状態の一部と朝鮮人小学生と日本人のそれとの「差」がどのようなものであったのか、について検証しておきたい。

ここで利用する調査報告書は京城帝国大学医学部小児科教室の高井俊夫・裵永冑によって調査研究された論文「朝鮮に於ける都市並に農村学童の栄養学的観察・第一編　朝鮮に於ける都市並に農村児童の主食、副食、間食に就いて」（以下、学童食調査とする）である。(3)

なお、この学童食調査は一九三九年六月に実施されており、同年夏の大旱害の深刻な食糧事情の影響を受けていない時期の調査であることを考慮に入れておく必要がある。以降、朝鮮における食糧事情は好転せず、むしろ、一九四二年から三年連続の旱害と凶作、強制供出、農産物の統制などの要因によって悪化していた。この調査は朝鮮での食糧事情がもっとも良い時期の調査であったという前提で読む必要がある。

また、この調査が行われたのは京畿道内の都市と農村で行われたのであるが、同道は朝鮮のなかでは豊かな地域であり、同報告書も指摘しているように「比較的農産物に恵まれたる極貧ならざる地方である」としているように朝鮮でもっとも貧しく、食糧・居住条件の悪い江原道や北部寒冷地域などと比較すれば恵まれた地域での調査であったこと、すなわち、朝鮮でも恵まれた食糧条件にある道であったことなどを考慮に入れて、本調査報告書を見ておくことが重要である。(4)

さらに、朝鮮農村では春から夏にかけての春窮期には粥食も一般的であったと考えられるが、調査対象にされていない点と粥食についての言及もないのは調査の不十分さを指摘できる問題であろう。

なお、この調査結果を読む際には調査対象が小学生五、六年生であることである。この一九三九年の朝鮮人入学率は四七パーセントにしかすぎないこと、さらに五、六年生まで在学できたのは地域社会のなかで恵まれた階層であることから見て、朝鮮の少なくとも下層ではない中層の子どもたちの調査報告書であるという点を考慮しなければならないであろう。(5)

学童食調査学校における男女別は日本人学校は男女の比が大きくないが、朝鮮人学校の京城男子師範学校付属第二小学校は男子のみ、江華城内小学校は一五六人の内、二〇人が女子、理由は明確でないが例外的に雪岳小学校では五六人中五三人が女子生徒である。調査対象になっている農村他学校では雪岳を例外として、すべて女子生徒の割合は極めて低いのである。農村の家庭内では男子は父親と同等の主食と副食であったと考えられるが、女子の場合は主食、副食ともに差があったと思われる。(6)こうした点はこの調査では考慮されていない。

以上のような諸点に注意を払いながら報告書内容の検討をしておきたい。

2　学童食調査の概要

調査対象は京畿道内の大都市六校、中都市四校、農村七校であった。日本人学校と朝鮮人学校とは区分されて調査が行われている。内訳は日本人学校五校、朝鮮人学校一二校である。調査方法は対象児童に書き込ませるという方法であり五、六年生が一〇日間にわたって記入するという作業をさせている。対象児童は二九〇九人（内男一八二三　女一〇八三）になっている。

調査の目的は「興亜の新体制に処して半島に於ける人的資源の育成に邁進すべき時」に「半島住民の食様式を栄養学的見地から検討し、之が指導方針を確立するために」行われたのである。したがって児童に直接記入させ、正確を期していることから先にふれたような限界があるものの、ある程度の食事・栄養状態を反映しているものと考えられる。朝鮮人の食生活にとっては重要なことであるが調査時期は三九年六月下旬に行われている。(7)

ここで一七校全体の調査結果から朝鮮人児童の食事・栄養状態と日本人児童との差を明らかにすべきであるが、下記の五校について主食、副食、間食に分けてデータをあげて実証していきたい。

1　京城三坂公立小学校　　大都市日本人上流階層を擁する日本人学校

2　水原公立小学校　中都市で平野部に位置する日本人学校
3　京城男子師範学校付属第二小学校　大都市朝鮮人最上層階層学校
4　江華城内公立小学校　海岸近くの農村朝鮮人学校
5　雪岳公立小学校　京畿道境の山村農村朝鮮人学校

この五校の内、日本人学校・三坂小学校と朝鮮人学校・京城男子師範学校第二小学校は朝鮮でもっとも豊かな暮らしをしていた階層の学校であったとも考えられる。水原公立小学校は日本人学校で、江華城内・雪岳両公立小学校は都市から距離のある農村部朝鮮人小学校である。

調査は各学校全生徒に一〇日間の主食、副食、間食を記入させ、集計したものである。

3　主食に関する調査から

一般的には朝鮮農民の多くは米ができてからの数カ月は米を中心に、麦ができてからは麦を中心とした食生活をしていた。しかし、多くは麦、粟などと米の混食も多かった。米の値段が高いために米を販売し、安い粟、稗などを購入し、併せて炊いた食事をしていたと思われ、この調査は六月に限定した調査方法であり、これが的確であったかどうか疑問である。また、この調査では食事の回数は触れられていないが朝鮮北部などでは二回という地域もある。米・麦が不足しているときには粥食、うどん（コクス）、すいとん（スジェビ）などを主食としているが対象になっていない。こうしたいくつかの検討すべき点もあるが、

第1表　日本人・朝鮮人児童の主食

		京城三坂	水原公立	京城第二	江華城内	雪　岳
調査児童数		455	118	108	156	56
胚芽米	A	8,961	1,383	266	16	4
	B	19.61	11.72	2.46	0.10	0.03
白米	A	4,291	1,728	2,190	4,547	1,565
	B	9.39	14.64	20.28	29.15	27.95
麦	A	0	97	135	1730	916
	B	0	0.90	1.25	11.09	16.36
餅	A	0	0	4	30	0
	B	0	0	0.04	0.19	0
粟	A	0	0	31	40	225
	B	0	0	0.29	0.26	4.02
稗	A	0	0	0	13	4
	B	0	0	0	0.03	0.07
黍	A	0	0	0	0	13
	B	0	0	0	0	0.05
パン	A	177	50	127	0	0
	B	0.39	0.42	1.18	0	0
うどん	A	187	67	67	10	0
	B	0.41	0.57	0.62	0.03	0
そば	A	7	18	20	14	3
	B	0.02	0.15	0.19	0.04	0.05
豆	A	7	7	231	1700	760
	B	0.02	0.06	2.14	4.40	13.6
甘蔗・	A	0	0	0	485	92
馬鈴薯	B	0	0	0	1.26	1.64
A総計		13,630	3,350	3,071	8,585	3,533
児童数×3×10		13,650	3,540	3,240	4,680	1,680
B総計		29.84	28.46	28.45	46.55	63.77
1人×3×10		30.00	30.00	30.00	30.00	30.00

＊　Aは全児童が10日間に摂った全回数
　　Bは一人の児童が10日間に摂った主食の平均回数

＊　農村部の朝鮮人小学校で1日3回以上の食事回数が記録されているのは、米と麦、粟などを混食し、一回に米と麦を同時に記入してあるためで混食率が倍近くになり、毎食混食が一般的になっていたことを示している。この調査では混食の米、麦、粟の割合は調査されていない。地域的な栽培作物に依って左右されていたと考えられる。

＊　調査報告書第4表に依って作成した。総計覧は筆者が作成しAは児童数×食事回数3回×10日として計算した。Bは1人×3回×10日として計算した。

原表から各学校と主食項目を抜き出して第1表のように一覧とした。

第1表の胚芽米については朝鮮総督府が奨励していたものであるが、日本人家庭ではある程度浸透していたものの、朝鮮人家庭ではほとんど使われていなかったことがこの表によって明らかになっている。朝鮮人でもっとも豊かな食生活をしていたと考えられる京城男子師範学校付属第二小学校でも同様であった。

第1表による日本人児童の主食の特徴は米中心であり、ほとんど麦、粟、稗などは使用されておらず、麦が少し食されているにすぎない。これに対して農村の朝鮮人児童は麦を中心に豆、甘蔗・馬鈴薯入りの食事を日常的に摂取している。黍が少ないのは栽培されていないか、収穫期を過ぎていたためである。また、米とその他の穀物の混食の量的な比率は判らないが、調査された六月は多くの農家ではすでに米の所蔵は少なく、その他の穀物の消費量が多かったと考えられる。

パン食については都会地では食用とされているが、農村では全く食されていない。日本人学校では主食とされていないのは豆、藷類である。

こうした調査結果から日本人は米中心の主食であり、一方の朝鮮人は米とその他の穀物の混食が中心であったと指摘できよう。特に朝鮮農村部では主食の混食傾向が強かったのである。

4　副食について

主食は穀物類であるが副食のあり方は歴史的な特徴と地域的な状態を表現しており大きな特徴が出るも

のである。漁村では魚が多く、農村では野菜などが豊富に摂取されるなどである。調査資料の都会地調査校児童と農村の学校児童の家庭ではその所得の差が大きく分かれていたと考えられ、その差は副食にもっとも良く表現されている。また、副食は人間の生命維持に大きな役割を果たしており、平均余命の長さにも係わっている。

なお、この調査では児童の成長にとって必要な動物性タンパク質の摂取調査に重点が置かれているため、朝鮮人家庭にとって重要な副食であった植物性タンパク質の副食については調査されていない。このため副食として大きな位置を占めていたキムチの調査が補助的に行われている。第2表によって検証しよう。

日本人学校児童と京城の朝鮮人学校の児童は、ほぼ、毎回副食を摂っており、当時の農民一般の食事とは極めてかけ離れている。本表によっても三坂小学校では一〇日間で四五五〇人の児童の内一〇七〇人が牛肉を食べ、一人当たりにすると二日以上も牛肉を食べている。しかし、朝鮮人農村の江華城内と雪岳小学校を併せて一〇日間で二一二〇人の児童の内一六五人が牛肉を食べたことになっているので約〇・〇八パーセントの児童が牛肉を食べているにすぎない。さらに山間部の雪岳小学校のみで言えば一〇日間で五六〇人の児童の内、牛肉を食べたのは一〇人にすぎない。豚肉、鶏肉の摂取量も極めて少ない。朝鮮人農村小学校では副食としての肉類の摂取は極めて少なく、祭祀（チェサ）のときなどに食されていたのみであったと考えられる。

農村で生産されていた卵の場合も朝鮮人農村学校の児童はほとんど摂取していないと言える。三坂小学

第2表　日本人・朝鮮人児童の副食

		京城三坂	水原公立	京城第二	江華城内	雪　岳
調査児童数		455	118	108	156	56
牛肉	A	1,070	191	791	155	10
	B	2.34	1.62	7.32	0.74	0.18
豚肉	A	251	32	24	2	12
	B	0.55	0.27	0.22	0.01	0.21
鶏肉	A	85	20	22	0	8
	B	0.12	0.17	0.20	0	0.14
魚肉	A	2,379	461	381	705	98
	B	5.21	3.91	3.53	4.52	1.75
干魚	A	970	282	219	5	58
	B	2.12	2.39	2.03	0.03	1.04
貝	A	101	5	10	0	0
	B	0.22	0.14	0.09	0	0
かに・えび	A	200	65	39	150	130
	B	0.44	0.55	0.63	0.90	2.32
魚卵	A	63	3	64	47	18
	B	0.14	0.03	0.59	0.28	0.32
かまぼこ	A	704	140	148	19	6
	B	1.54	1.19	1.37	0.12	0.11
牛乳	A	313	105	60	6	0
	B	0.69	0.89	0.56	0.04	0
卵	A	1,509	442	323	23	7
	B	3.30	3.75	2.99	0.15	0.12
豆	A	754	399	289	19	0
	B	0.65	3.38	2.68	0.12	0
豆腐	A	858	295	288	20	9
	B	1.86	1.65	2.67	0.12	0.16
味噌	A	3,448	972	544	135	402
	B	7.54	8.22	5.13	0.82	7.1
A総計		12,705	3,412	3,202	1,286	758
全児童×3×10		13,650	3,540	3,240	4,680	1,680
B総計		26.72	28.16	30.01	7.85	13.45
1人×3×10		30.00	30.00	30.00	30.00	30.00

＊　Aは10日間に全児童が摂った回数。
＊　Bは一人の児童が10日間に摂った副食の平均回数。
＊　前掲調査報告書資料第6表から作成。

現在でも味噌は多く使われている
全羅南道羅州市近郊農村で味噌玉を干してある風景。
2008年12月　筆者撮影

校では四五五〇人の児童のうち一五〇九個の卵を摂取していたので一日三食の内一回は卵を食べていたことになる。しかし、朝鮮人農村学校では二一二〇人の内、両校併せてわずかに三〇個が摂取されているにすぎない。こうした副食の日本人と農村朝鮮人の差は健康に及ぼしていた差以上の問題を提起していると言えよう。

なお、味噌についてはこの調査では味噌そのものを副食として位置づけているのか、味噌汁として調査したものかは明らかでないが、味噌の消費は多くなっている。ここで取り上げた農村二校では少ないが他の農村では味噌が多用されて、農民の植物性のタンパク質として重要な要因になっていたことが明らかである。この報告書でも「最も注目すべきは農村地方に味噌が多く食せられている事実である。実に味噌こそは半島に於ける農村住民の健康を維持し得る植物性タンパク質として甚だ貴重な存在である」としている。これは朝鮮南部の達里調査で

第3表　副食としてのキムチのみを摂取している者について

	児童総数	漬け物のみ摂取者		漬け物および他種副食を摂取した者	
		実数	パーセント	実数	パーセント
京城三坂小学校	455	981	15.48	5,335	84.52
水原公立小学校	118	1,146	56.18	894	43.83
京城男子師範第二	108	439	23.63	1,419	76.37
江華城内小学校	156	3,422	76.55	1,048	23.45
雪岳小学校	56	1,183	73.25	432	26.75

＊　調査資料では漬け物として表現されているが日本人学校では沢庵などの日本式のものも存在したと考えられ、朝鮮人学校ではキムチが主であった。
＊　全児童の10日間の食事回数
＊　江華城内公立小学校の漬け物と他の副食物を摂取したものの割合は元資料では32パーセントとなっているが、明らかな誤りと考えられるため23パーセントとした。
＊　前掲調査報告書資料第7表から。

も明らかにされている。(8)

味噌が朝鮮における副食の重要なポイントの一つであり、動物性蛋白質が摂取できなくとも生存し得た理由である。味噌（テンジャン）は朝鮮で栽培されていた良質の大豆を使い長期に保存し、年中食べられるように工夫されていた。現在でも味噌玉を乾燥させている風景を一部で見ることができる（前ページ写真）。

ここで重要なことは調査農村学校の大半、すなわち朝鮮人児童の大半が動物性タンパク質を摂取していないという事実である。これをともなう副食としてキムチに関する付随的な調査が行われている。調査者側が農村における副食の状況をある程度、認識していたためにこうした付属調査が実施されたと考えられる。第3表が調査結果であるが、いかにキムチが農村児童にとって副食として重要な位置を占めていたかが明らかである。

朝鮮でも富裕な階層であった日本人学校、京城三坂小学校と朝鮮人男子のみを収容していた京城男子師範学校第二小学校では漬け物のみで食事をする回数は少なかったが、日本人が通う水原公立小学校では半数強が漬け物（沢庵など日本式の漬け物が含まれると思われる）のみである。農村の朝鮮人学校である、江華城内、雪岳公立小学校は約七五パーセントがキムチのみを副食としている。朝鮮農民の中層階層までもが副食の中心はキムチが中心であったと言えるのである。なお、ここには掲載しなかった朝鮮人農村学校の内、喬桐公立小学校生徒七六人の内九〇・九七パーセントがキムチのみの副食で、同様に峰潭公立小学校は三七人の生徒の内八四・九二パーセントがキムチのみの副食であった。副食のみについても日本人と朝鮮人、あるいは富裕層と農村居住朝鮮人には極めて大きな差が存在したと言いうるであろう。

もちろん、キムチには種類も多く、中には動物性のいか、えびなどが含まれるものもあるが量的には栄養素となりうるには少なかった。報告書でも指摘しているように朝鮮農村では「栄養上諸要素に欠けたる単純なる朝鮮漬にのみたよっているかが明瞭である」ことが明らかになった。比較的豊かな京畿道地域という条件や調査対象朝鮮人児童の年齢が日本人のそれより高いものもおり、当時の朝鮮では労働人口年齢に近いにもかかわらず、学校に通学することのできた家庭でも副食の大半はキムチが中心になっていた。さらに一般的に言えば朝鮮人学齢人口の半数は学校に行けないような状態であり、副食の状況はさらに悪かったと考えられる。農村人口の過半数は副食はキムチのみであり、さらに粥食、春窮期の二食などの慣行もあり、この調査には現れない階層の副食ははなはだ劣悪であったと考えられる。

5　間食調査について

日本人、朝鮮人を問わず間食は栄養補給源として重要な役割を持つという立場から、間食調査も行われている。農村学童における間食がどのようなものであったのかについては主食・副食との関連を持っていることから検討する必要があると考えられる。しかし、調査項目上、チョコレートやビスケットといった物も含まれており、朝鮮人農村学校学童の生活実態からはかけ離れた調査になっているとも言える。この差の存在の確認も必要であり、原資料の通りに第4表として掲載しておく。

この表から明らかになることは都市の上層階層の生徒は「糖害ノ恐れ」があるほどに糖分を摂っていることに対して、農村の子どもたちはほとんど甘味と言えるような物は食べていない。農村でもっとも高い比率を示しているのは果物であるが、これは六月に調査されていることから朝鮮産の瓜（チャメ＝きんまくわ）を摂っていたものであり、間食というより主食の補食という性格のものであって、間食という範疇では計れないと思われる。

間食の種類も都市上層学校では調査対象に上がっているようなチョコレート、ビスケット、ソーダ水など加工された多様な間食であったと言えるが、農村ではほとんど甘味類と穀粉菓子などは摂取していなかったと考えられる。農村では自家製の飴や季節によっては山ブドウ、山イチゴなどを自分で取って食べる

第4表　間食に関する調査

学校名		京城三坂	水原公立	京城男子	江華城内	雪岳
間食種類	児童数	455	118	108	156	56
甘味類	A	2,811	362	164	74	14
	B	6.15	3.06	1.52	0.64	0.24
穀粉製菓	A	1,919	456	160	58	12
	B	4.20	3.86	1.48	0.50	0.21
果物	A	2,101	211	312	189	17
	B	4.60	1.78	2.89	1.64	0.30
飲料水	A	1,792	128	606	34	6
	B	3.92	1.08	5.61	0.30	0.11
豆類	A	254	34	0	0	0
	B	0.56	0.29	0	0	0
総計	A	8,877	1,191	1,242	355	49
総計比	A	19.51	10.09	11.50	2.28	0.88
1日当たり	A	2	1	1.2	0.2	0.1
総計	B	19.43	10.07	11.5	3.08	0.86

＊　Aは全児童が10日間に摂った間食の全回数
＊　Bは一人の児童が10日間に摂った間食の平均回数
＊　総計以下は筆者が計算した。
＊　この調査でいう間食種類の内容は次の通りである。
甘味類　生菓子・洋菓子・チョコレート・キャラメル飴菓子、その他糖分を多量に含む菓子
穀粉製菓　ビスケット・カルケット・ボーロ、煎餅・パン・サンドイッチなど
果物　果物、果汁など
飲料水　ソーダ水・カルピス・サイダー・紅茶・アイスクリーム・アイスケーキ等
豆類　豆を使ったお菓子をすべて含む。
＊　前掲調査報告書資料第8表から作成

ことなどが一般的で、加工された菓子はほとんど食べることはできなかった。

間食の調査結果からも都市上層社会、あるいは日本人学校との差は極めて大きく、農村社会での栄養補給はいわゆる間食からは補充できなかったと考えられる。朝鮮農村に間食という概念が存在したどうかは疑問であり、朝鮮農村児童にとっては甘味類、穀粉製菓などは無縁の存在であり、調査項目が適切ではなかったと考えられる。

農村ではカボチャ、薩摩芋などから作られる飴や秋にはブドウなど果物なども摂れ、ドングリから作られるムックなども間食、あるいは副食として食べられており、ここで調査されている基準とは違う調査項目と調査時期が必要であったと考えられる。

6　朝鮮住民食調査

京畿道でのこうした調査は朝鮮全体との比較ではどのように位置づけられるのであろうか。この問題に答えるために先に挙げた「朝鮮住民の食に関する栄養学的観察　第1編　朝鮮に於ける各地方住民の主食物並びに副食物について」(以下、住民食調査)の調査から検証しておき、この時期の全朝鮮における食の全体状況を見ておきたい。住民食調査報告では朝鮮全体の総括的な集計と各道別集計がされ、各道ごとの図表なども付されている。この全朝鮮の集計調査とこのなかの京畿道の調査結果を主食、副食の別に挙げておきたい。住民食調査報告は道別にまとめられ、この調査の回答は全朝鮮の公立小学校のうち三一一

○校に調査用紙を配布して、二四七五校の校長たちから回答を得られており、一九三九年当時日本人公立小学校数は五一九校、朝鮮人公立小学校数は二八五三校であり、合計で三三七二校となっている。朝鮮全体の小学校・普通学校の八〇パーセントの学校長から回答があったのである。(9)

なお、この「住民食調査」が行われたのは一九三九年六月の時点で、「学童食調査」と同じ時期である。回答者と調査項目は「学童食調査」とは違うため正確な比較ができないが、ここでは「住民食調査」結果と「学童食調査」結果を比較して朝鮮における食の全体像を考える。さらに「住民食調査」の内、朝鮮全体の調査結果の割合と京畿道の割合を上げ、学童食調査の意味を考えてみたい。「住民食調査」は校長が回答したために校長は日本人であることが多く、どの程度地域の食・食糧事情を把握していたかについては疑問が残る。にもかかわらず「住民食調査」報告書で言うように「各公立小学校校長は山間農村等の僻遠の地方においては斯かる資料の記載者としては最も信頼しうる唯一の適任者である」と位置づけているのは適当であったと考えられる。

（1）住民食調査の主食について

校長の校区の住民がどのような主食を食べていたかについて調査したもので平野か海岸山地か、などの地理的な条件と春・夏・秋・冬に分けた主食の内容について回答を行い、各道別にまとめている。数字的には全国平均も集計されている。年間を通した調査である。ここでは総括的な主食の内容にとどめてそれ

第5表　住民食調査のうち主食調査結果の割合

主食の分類	全国	京畿道
1　米のみを主食とし麦その他を全く摂らざるもの	13.09	16.96
2　米および麦の2種類を主食物となしあるいは米、麦と共に諸他の雑穀を主食物としているもの	59.42	71.11
3　米を全く摂らず米以外の穀物（麦、粟、豆、馬鈴薯その他）を主食物としているもの	19.51	10.16
4　米も麦も摂らず粟およびその他の雑穀を主食物としているもの	7.98	1.77

＊　住民食調査報告書から作成

による割合についてのみ述べておこう。このため、全国平均と京畿道のみを取り上げて朝鮮人の食の概要について一覧としておきたい（第5表）。

この表の数値はさまざまな問題を提示しているが、ここでは京畿道の比率が1項・2項で高く、3項・4項で低くなっていることを指摘しておきたい。全国平均より米・麦を中心にした良い暮らしをしていたのである。これは詳細に検証しなければならないが「京城」内の調査対象公立小学校には日本人・朝鮮人ともに豊かな階層が暮らしており、平均値を引き上げていると考えられる。

なお、3項・4項は朝鮮全体で年間を通じて米を全く摂っていない地域が二七パーセント強に達していたことを示している。米が収穫できなかった北部地域にこの比率が高いが、米を生産しても米を値段の安い粟などに代えていたために米が主食になり得ない農家もあった。4項では京畿道と全国の比率の差が大きいが、京畿道が比較的豊かであ

第6表　副食の全国平均と京畿道平均比較

副食の分類		全朝鮮（%）	京畿（%）
1	野菜（朝鮮漬のみ）	5.38	11
2	野菜＋味噌	23.89	22
3	野菜＋卵	0.15	0
4	野菜＋味噌＋卵	0.94	1
5	野菜＋魚肉	3.19	3
6	野菜＋味噌＋魚肉	18.57	9
7	野菜＋獣肉	1.10	3
8	野菜＋味噌＋獣肉	6.62	9
9	野菜＋卵＋魚肉	0.37	0
10	野菜＋味噌＋卵＋魚肉	2.34	2
11	野菜＋卵＋獣肉	0.58	1
12	野菜＋味噌＋卵＋獣肉	2.54	6
13	野菜＋魚肉＋獣肉	1.35	2
14	野菜＋味噌＋魚肉＋獣肉	9.11	6
15	野菜＋魚肉＋獣肉＋卵	1.08	3
16	野菜＋味噌＋魚肉＋獣肉＋卵	21.97	23

＊　全国の数値はそのまま使用したが、京畿道の数値は春・夏・秋・冬ごとの数値を項目ごとに合計し、京畿道内調査校総数278校で割って割合を計算した。

＊　前掲住民食調査報告書から作成

ったことを証明している。また、2項の場合も量的に「雑穀」を主にしている場合が多かった。米を主とせず「雑穀」を中心とした食生活をしていたと考えられる。寒冷地、山間部などでは大半が米・麦を食べていなかったと考えられる。1～4項までの全体的に言えば全国平均の約一四パーセントが米を主食としており、残された約八六パーセントの人々の主食は「雑穀」すなわち、米以外の穀物の混食であったことを示している。(10)

（2）副食について

副食は食事のなかでも重要な位

第７表　(2−1) 副食の質について

	第６表の項目	全朝鮮	(%)	京畿道	(%)
1	肉･魚を含む副食（７．８．11．12．13．14．15．16）	4,342	44.41	566	50.90
2	魚を含む副食（５．６．９．10）	2,463	25.19	160	14.39
3	卵のみの副食（３．４）	106	1.08	15	1.35
4	野菜･味噌のみの副食（１．２）	2,865	29.31	371	33.36
計		9,776		1,112	

第８表　(2−2) 副食の量について

（いく種類摂取したかについて）

	第６表の項目	全朝鮮	(%)	京畿道	(%)
1	15．16	2,257	23.09	256	23.02
2	９．10．11．12　13．14．	1,595	16.32	200	17.99
3	３．４．５．６．７．８	3,059	31.29	285	25.63
4	１．２	2,865	29.31	371	33.36
計		9,776		1,112	

＊　(2−1，2−2) 表は共に「住民食調査」の原資料から作成した。

置を占めており、主食と一体で食事として成立している。人の生命を維持するためには栄養学的にはどちらが欠けても食事としては成立しないものである。ここでは副食の分類順にどのような副食内容がどの位の比重を持っていたのかについて一覧にした（第６表）。さらにこの表に示した副食の内容について第７表、第８表としてまとめて理解しやすいようにした。

第６表の１、２項に見

られるように全国平均で約三〇パーセント、京畿道で約三三パーセントの人々が年間を通じてキムチと味噌のみで副食を維持していたのである。また、3項から4項、7項、9項から13項、15項の組合わせの副食はいずれも三パーセント以下にすぎない。6項の全国平均一八パーセントは魚肉を食べるとされているが、干した鱈（棒鱈）やいしもち、各種の煮干しなどを利用し、安価に入手出来ていたために比率が高くなっていたと考えられる。なお、調査者が設定した卵はほとんどの組み合わせで低い位置を占めており、副食の調査事項にあげるほどの位置を占めていない。調査者である医師が栄養の高い卵の摂取がどの程度であったかに関心があって、調査事項に組み入れられたと考えられる。16項の肉を含めたすべての食品を摂っている人が多いが、年間を通じて何回かは肉などを食べる機会があったためにこうした調査結果になっていたと考えられる。

7　朝鮮社会における食の格差について

全体的な食の調査結果が示すものは日本人と朝鮮人の間には大きな格差が存在し、その実態については学校別に調査した「学童食調査」結果がそれを良く示している。

「学童食調査」と「住民食調査」を比較すると、「学童食調査」における日本人学校と朝鮮人学校の大きな差異がかなり存在する。日本人学校と朝鮮人農村学校では主食、副食と間食で大きな差異があることが明らかになった。これは「住民食調査」における主食、副食の差、すなわち主食では米を日常的に食べていない者と米中心、あるいは米と麦を中心にした混食をしている者に分けることができること、副食はキムチのみ、あるいはキムチと味噌のみで食事をしている人々と肉、魚ともに豊富に摂取している人との差が明確に存在したことである。

「学童食調査」は日本人社会と朝鮮人地主層の主食・副食と農村在住朝鮮人自小作人上層との差が大きくあることが証明されるのである。「学童食調査」報告書は調査対象が学校に五、六年生まで通学させられる家庭であり、こうした階層でも日本人・朝鮮人上層との差は極めて大きかったのである。「学童食調査」はそれを実証する資料となっている。問題は「学童食調査」は学校に行けない階層の大半が調査対象になっておらず、それらの人々の食はこの調査に表現されている数字よりはかなり低い水準であったと思われ、その人々の食生活は極めて厳しく、栄養的にも問題があったと考えられる。特に就学率がこの時点では約半数であったことを考慮しなければならない。

「住民食調査」回答者は各校長であり、大半の校長は日本人学校はもちろん日本人であり、朝鮮人学校でも校長は日本人の方が多かった。大半の調査回答者が日本人であることから朝鮮人の食事内容についての知識は豊富ではなかったと考えられる。朝鮮人の生活実態をどの程度把握し、食事につていて知っていたかについては極めて疑問である。こうした意味からも実態は朝鮮人住民食の調査であるにもかかわらず、日本人食生活の実態に近い形で報告書が作成された可能性がある。それでもこうした食の格差が存在することは、植民地支配の具体的な実態を示す証明でもある。また、調査報告書が日本人校長の単独の知見によるとは考えにくく、朝鮮人教員からの示唆などが記入の根拠になったとも考えられ、一定の実態を反映していると考えられる側面もある。

こうした限界を持っていてもなお、この調査は朝鮮人の食に関する一定の傾向を明確に示している朝鮮全体の栄養調査としては唯一と考えられ、貴重な内容を持っている資料であろう。

8　栄養的な問題について

「住民食調査」の全朝鮮約三〇パーセントの地域では米・麦を摂らず、副食も約三〇パーセントがキムチあるいは味噌のみで暮らしていたことが明らかになり、それは「学童食調査」によって朝鮮農村に広く存在していたことが明らかになった。しかも、年間を通じてこうした状態が継続し大半が「雑穀」中心の主食とキムチと味噌によって生命を維持していたのである。動物性タンパク質を全くと言って良いほど摂っていないのである。朝鮮人の中層農民でも栄養状態が極めて劣悪であり、学校に通学していなかった下層農民の食の状況はさらに深刻な状態にあったと考えられる。

(1) 主食について

朝鮮では伝統的に土地に適した作物を栽培し、それを食用にしていたので調査報告で言う「雑穀」が必ずしも食の貧困さ、栄養価の低さを象徴しないが、米中心の日本人調査者の観点からは「雑穀」と評価されている。朝鮮全体ではこうした基準で言う「雑穀」が主食の中心であることがこの二つの調査報告書から明らかにできた。特に「学童食調査」によって明らかにされているように朝鮮人が通う学校では混食率が高く、米と麦以外の混食が一般的であった。米と他の穀物がどの位の割合であったかは調査されていないが、地域的な作物の状態、あるいは穀物が収穫される時期や保存状況などが反映していたと考えられる。また、混食ではなく、地域によっては粟、黍などの単独の食事も多かったと考えられる。これらの食事は炊き方が工夫されており、栄養的には不十分とは言えないものであった。

（2）副食について

「学童食調査」の副食のキムチの例で言えばキムチのみを副食とする者が朝鮮人学校の場合は七〇パーセントを超えており、これが朝鮮人農民の一般的な副食であったと言い得るであろう。この一定の副食で健康を維持することは難しく、こうした状況は朝鮮人の健康状態に大きく影響していたと考えられる。また、調査報告書では動物性タンパク質は全く摂っていないとしている。動物性タンパク質は成長期の子どもにとって必要であり、身長、体重などに影響を与えていた。朝鮮では副食が持つ栄養的な要素は大きな比重を占め食の中心的な問題であると考えられる。「住民食調査」ではキムチと味噌のみの副食は三〇パーセントを占めるにすぎないが大半が日本人学校長による観察結果であり、実状を知り得なかったと考えられる。なお、実質的には季節にもよるが伝統的には調査項目以外の田螺、ドジョウ、小魚などを食用にしていたと思われ、さらに季節・地域別に検証が必要であろう。

（3）間食について

この時期の朝鮮で日本人の考える間食という慣行が朝鮮農村に存在したかどうかは明らかではない。朝鮮農村で間食は菓子というより主食・副食の一部を構成する存在であったと考えられる。瓜、あるいはドングリから作られるムックなどは重要な副食であり、場合によっては主食となっていた。「学童食調査」におけるチョコレートやビスケットは農村の子どもにとっては全く知らなかった存在であったと考えられる。

以上のような要件からこの調査報告の食を通じて見えてくるものは、

1 「学童食調査」が典型的に示しているように日本人社会と朝鮮人社会は大きな隔たりが存在したこと。

2 朝鮮人社会では伝統的な食習慣と地域性を保持し健康を維持する最低限の食慣行を持っていたこと

3 副食に典型的に見られるように朝鮮農村「学童食調査」の七〇パーセント、「住民食調査」の三〇パーセントがキムチと味噌のみの生活であり、恒常的な栄養不足下に置かれていたと指摘できる。

4 朝鮮社会では混食が中心であり、これが副食の栄養不足を補充する役割を持っており生命の維持に役立っていたと考えられる。

5　この調査報告書は農民を含めて朝鮮中層社会以上の食生活状況を示しており、人口の半数近くの下層農民の食生活、特に二三〇万戸を越えると言われた春窮農家の人々の生活やそれと大差のない農民の生活を反映したものではない。したがって全朝鮮の食生活の調査ではあるけれども、下層農民全体の食生活を反映していない。

6　この二つの調査直後から始まった一九三九年の大旱害は朝鮮のみならず日本全体の食糧事情をも逼迫させるまでになっていた。以降は朝鮮人の食の状態は改善されることはなかった。極めて悪化していったと考えられる。

7　こうした食の状態を通した朝鮮社会は特に中層農民を含めて「近代的食生活」を経験することなく経過していたと考えられる。もちろん、これがパン食などに象徴される西欧近代食の受容などが都市上層階層のみにいく分進んでいたものの、農村にはほとんど普及していなかったことにも示されている。また、日本の食様式、すなわち米食中心主義も米作地帯は一時的に米食中心になっていたものの、大半の農民が他穀物との混食であったと言える。伝統的な混食の世界が基本的には朝鮮農民の食生活であった。

8　植民地支配下にあった朝鮮農民の食生活は朝鮮の伝統的な食の形態を維持していたと考えられるが、調査時点以後は「満州」からの大豆、粟などの大量導入によって変化した。主食は基本的には地域の生産品を生かした伝統を生かした混食形式であったと言える。また、副食もキムチと味噌中心の食であったと考えられる。

9　野菜（キムチ）と味噌を摂取していれば栄養的には生命を維持するためにはそれなりに十分であったと考えられるが、動物性蛋白質不足が長期に継続した場合には繊維質の多い野草などの食用化によって胃腸障害を多く起こすことを検証することが必要である、などを指摘できる。

10　この調査ではそれぞれの食品の摂取量については調査されていない。野菜のみであった場合も料理法や食事の量が判らなければ健康状態についての影響を検討しきれない、という問題も含んでいる。

なお、この両調査報告書の最大の欠点は農民の階層別、すなわち小作農と自作農といった視点を全く考慮していない点にある。特に農民の大半を占めていた小作農以下の農民と農業労働者の食の実態を把握するには十分な資料とは言い難く、階層的な新たな視点からの食の研究が進められるべきであろう。

こうした欠点が指摘できる調査報告書資料であるが、朝鮮人の食事情は一九三九年の大旱害、四二年から三年間も継続した凶作、経済統制、供出強化などの要因によってさらに悪化していったと考えられる。

これまで見て来たように朝鮮全体の栄養状況は極めて悪い状況に置かれていたが、さらに具体的に食の状況を反映する朝鮮における平均寿命について検証しておこう。

第三節　道別生命表と道別栄養調査
――江原道と全羅南道を中心に――

１　生命表について

生命表は「ある民族全体として、或いは地域内の全住民を一括して、その健康状態如何（健康度）を最も端的、明確に示すものとして民族衛生、社会衛生の立場から頗る重視されているもの」であると指摘されている。[11]

生命表は人口統計から死亡率、生存率、平均余命などを算定して作成することによって、その対象とされた地域の人々の栄養状態、病気、労働など社会生活全般にわたる状況を把握することが可能になるのである。したがってある社会を分析する際には必ず必要な方法の一つであると言える。

朝鮮における生命表整備は日本国内に較べると著しく遅れていたが、一九三七年になって水島治夫京城大学医学部教授が第一回簡略生命表（一九二五－三〇）として発表したことによって初めて概要を知ることが出来るようになった。[12]

その後、崔羲楹は「朝鮮住民の生命表　第一回生命表（昭和元年－五年）の補充及び第二回（昭和六－十年）精細生命表」『朝鮮医学会雑誌』第二九巻一一号（一九三九年一一月刊）を発表し、不十分ながら朝鮮人の平均余命が伸びていることなどが明らかになった。[13]不十分ながら、としたのは元になる総督府統計の不十分さがあり、特に乳幼児死亡率統計の不備は著しく、生命表自体の信頼性を揺るがせかねない問題であった。そのため、調査者たちも工夫を用いて修正しているのである。不十分さや問題があるが朝鮮における生命表の研究は進むようになったのである。その一つが前掲、原藤周衛「道別朝鮮人生命表」である。

しかし、こうした朝鮮における生命表の研究成果は朝鮮史研究を含めてこれまでほとんど研究されてこなかった。これは日本の朝鮮史研究のあり方を反映し、制度、組織、社会運動といった点に焦点が当てられていたためであると思われる。ここでは朝鮮民衆生活、農民生活という視点から道別朝鮮人生命表を取り上げて、植民地下の民衆史像の一端を明らかにしたい。

ここではまず原藤の朝鮮人道別生命表によって各道別生命表の概要、日本国内各県との比較を行いたい。その上で前節で引用した高井俊夫「朝鮮に於ける各地方住民の主食物並びに副食物について」の調査報告における道別集計表を利用して、生命表と食の関連について考察してみたい（なお、高井俊夫の略歴とこの論文については注3、を参照されたい）。

2　道別生命表と一二歳の平均余命

原藤周衛は道別生命表作成の結果が朝鮮全体で均一ではなく各地方で大きな特徴を示していること、この作業によって朝鮮の社会衛生上、各道民の保険状況を端的に、明確に知りうるとして朝鮮における道別

第9表　朝鮮人12歳の平均余命

道　名	男	女	平　均	道別平均余命順位
京　　畿	46.37	48.53	47.45	7
忠清北道	45.86	47.67	46.77	8
忠清南道	46.80	48.82	47.81	6
全羅北道	47.87	51.41	49.64	2
全羅南道	48.77	53.76	51.27	1
慶尚北道	47.71	50.19	48.95	3
慶尚南道	46.45	50.02	48.24	5
黄 海 道	45.58	47.87	46.73	9
平安南道	47.47	49.59	48.53	4
平安北道	45.39	47.51	46.45	11
江 原 道	43.43	43.22	43.33	13
咸鏡南道	45.24	47.79	46.52	10
咸鏡北道	44.62	47.00	45.81	12
平　均	46.27	48.72	47.50	

＊　前掲原藤論文による。
＊　原資料第4表の12歳の平均余命。
＊　原資料の死亡率の計算は朝鮮総督府統計年報（1934.35.36）年の3カ年平均を用いている。
＊　平均余命順位は筆者が作成した。

生命表の作成を意図したのである。この道別生命表の調査結果によって植民地下の民衆の生活状態と健康状態をより具体的に知ることが出来るようになったと考えられる。

ここでは原藤の調査結果から各道生命表の内容・実態を確認しておきたい。先にも述べたように朝鮮では乳幼児の死亡率が極めて高く、その算定が統計的に捉えられないという事情(14)から、原藤は一二歳からの平均余命調査結果を取り上げているので、その結果を第9表として一覧にしておく。平均余命は全年齢の死亡率によって決まるのであり、道別生命表の「総括的健康度指数」としてはもっとも平均余命の実態を反映する数字であると言えよう。

この表によって朝鮮の平均余命の特徴を挙げておきたい。

1　平安南道を除けば朝鮮北部が平均余命が短く、それに対して南部は長い。

2　朝鮮総督府の人口統計によって比較するとほぼ平均余命は人口密度が高いところほど長く、低いところほど短い（人口統計は国勢調査一九三〇年、三五年による）。

3　一世帯当たりの人員が多い道ほど平均余命が長く、少ないほど短い。

4　朝鮮南部の米作・麦作地帯ほど平均余命が長い。平均余命のもっとも長い全羅南道から八位に位置する忠清北道までは朝鮮の穀倉地帯である。

5　江原道を除けばすべての道で女性の方が平均余命が長い。特に江原道は女性の平均余命がもっとも短い。全羅南道との比較では約十歳ほどの差になっている。

6　江原道は平均余命が男女共にもっとも低く、他道との比較をしてもいちじるしく低い。女性の平均余命も朝鮮でもっとも短い。

全体的には南部ほど生存率が高く、北部が低いという結果になり、土地の穀物生産量、自然条件などが生存率に大きく関連していることが明らかである。これは人口増加率とも関連しており、南部ほど人口が多くなっている。この問題の検討は後に行うが、ここでは日本国内の状況との相違点を挙げておこう。

3　一二歳の日本人と朝鮮人の死亡率比較

こうした特徴を持った朝鮮の平均寿命は日本国内との比較ではどのような結果になるのであろうか。これをこの調査報告書の日本国内と朝鮮との死亡率比較、特に一二歳の死亡率比較について見てみよう。第10表は人口千人につき一二歳男女の日本人と朝鮮人の比較表であるが、特徴を挙げておきたい。

1　死亡率が男性の場合は日本のそれと比較すると最高・最低ともに朝鮮人は倍近く高くなっているのである。三〇パーセントを超えると言われている乳幼児に較べると少なくなっているけれども一二歳という少年期になっても朝鮮の子どもの死亡率は高率になっていることが指摘できよう。

2　女性の場合も日本人女性より死亡率が多いが男子より死亡率の差は小さくなっている。第9表における平均余命が女性の方が男性より高くなっているのと照応していると考えられる。

3　第9表で示されているように江原道が死亡率がもっとも高く、第二位の咸鏡北道も同様にここでも高い数値を示している。

4　死亡率が少ない地域も朝鮮のそれは第9表と同様の数値を示している。朝鮮南部穀倉地帯が死亡率も低かったのである。

5　平均値から見ても日本全体の数値から見ても朝鮮人男子は死亡率が二倍を越えており、女子も高くなっている。この一二歳という時点では日本人と比較すると朝鮮人はいちじるしく死亡率が高かったということができる。

第10表　12歳の日本国内死亡率との比較

（人口1,000人につき）

死亡率	男				女			
	日　本		朝　鮮		日　本		朝　鮮	
最高	神奈川県	3.96	江原道	8.48	石川	6.70	江原道	8.23
	北海道	3.67	咸鏡北道	6.23	福井	5.42	咸鏡北道	5.77
最低	栃木	1.90	全羅南道	3.39	高知	2.47	全羅南道	3.13
	静岡	1.91	慶尚北道	3.45	茨城	2.53	慶尚北道	3.20
平均	県平均	2.47	道平均	5.14	県平均	3.34	道平均	4.86

＊　前掲原藤論文による。
＊　原資料では7歳、22歳、32歳でも同様な比較をしている。年齢が高くなるに従って日本人と朝鮮人の差は少なくなっている。
＊　日本人の数値は日本国内の各年生命表（1931－35）である。

第9表、第10表に示されているように朝鮮では地域的に生存率、死亡率ともに大きな違いがあり、それはさまざまな要因、すなわち気候、作物、地理的環境などの影響に基づいていると考えられるが、ここではもっとも影響が大きかったと考えられる食事の検証をすることによって、植民地下の朝鮮人の生存率・死亡率の問題の一部を検証しておきたい。この方法として先にあげた高井俊夫「朝鮮住民の食に関する栄養学的観察―朝鮮に於ける各地方住民の主食並びに副食物について―」の調査報告を利用しながら検討を進めていきたい。

この際、前項に示したように朝鮮内でもっとも死亡率が高かった江原道と、もっとも死亡率が低かった全羅南道を取り上げて比較検討を行いたい。この調査は一九三九年六月に実施されたものであり、七月以降に始まった大旱害の影響を受けていない段階での食の状況であり、以降は大きな変化があったと思われる。この調査は年間を通じて学校を取り巻く地域住民、朝鮮人住民がどのような食生活をしていたのか、という視点で調査されている。毎日の調査をもとにしているのではなく、校長が認識した学校付近の食の概要の状況を記入しているにすぎない。なお、前節でもふれたが、記入者の多くは日本人校長であり、調査対象の朝鮮人農民と農村、小作農民の家の食事内容については知り得なかった校長が多かったと考えられる。いわば概要調査である。特に多様であったと考えられる副食については注意しながら調査結果を検討する必要がある。

4　全羅南道・江原道の主食・副食の概況

人の生存にとってもっとも重要な要因は衣食住であるが、なかでも食の保障が重要である。生存率や死亡率に直接結びつく要因である。ここでは朝鮮でもっとも死亡率が高く、生存率が悪い江原道ともっとも良い全羅南道における主食と副食を比較し、それぞれにどのような要因であったのか、について見ておきたい。

(1) 両道の主食調査結果概要と全道比

朝鮮南部に位置する全羅南道は米を中心にした穀倉地帯であり、人口も稠密な地域である。一方、江原道は中部山岳地帯を中心に土地は痩せ、古くから馬鈴薯の産地として知られている。米・麦の収穫量は少ない地域である。こうした地域的な特徴がどのように食事に反映されているのかを第11表によって検証してみよう。学校長が回答者であるため、結果的に小学校の多い地域、すなわち邑・面所在地や都市などが

第11表　全羅南道・江原道の主食と全国比

1938年5月現在

	主食分類	道別・季節別												
		全羅南道						江原道						全道比
		春	夏	秋	冬	計	%	春	夏	秋	冬	計	%	%
1	米のみ	33	22	40	66	161	16	16	7	8	13	44	7	14
2	米＋麦	52	61	78	47	238	23	1	4	4	3	12	2	16
3	米＋麦＋粟（稗含）	23	11	17	15	66	6	18	4	10	13	45	7	7
4	米＋麦＋粟＋豆	33	11	32	38	114	11	30	5	19	27	81	13	17
5	米＋麦＋粟＋豆＋馬鈴薯	65	44	46	54	209	20	60	59	45	42	206	32	19
6	米＋麦＋粟＋豆＋馬鈴薯＋甘蔗	1	1	2	1	5	0.5	10	24	29	28	91	14	3
7	米＋麦＋粟＋豆＋馬鈴薯＋黍	0	1	2	2	5	0.5	3	6	11	16	36	6	2
8	麦のみ	16	53	8	5	82	8	0	0	1	0	1	0.2	3
9	麦＋粟(稗)	10	13	4	6	33	3	0	1	0	0	1	0.2	1
10	麦＋粟＋豆	3	7	5	2	17	2	2	1	0	0	3	0.5	1
11	麦＋粟＋豆＋馬鈴薯	19	31	19	13	82	8	5	27	5	1	38	6	6
12	麦＋粟＋豆＋馬鈴薯＋甘蔗	0	0	0	0	0	0	3	7	5	5	20	3	1
13	粟(稗)のみ	0	1	0	0	1	0.1	1	3	2	2	8	1	0
14	粟＋豆	0	1	1	2	4	0.4	1	0	1	2	4	0.6	2
15	粟＋豆＋馬鈴薯	0	1	0	0	1	0.1	4	1	1	2	8	1	2
16	粟＋豆＋馬鈴薯＋甘蔗	3	0	1	3	7	0.7	1	1	3	1	6	1	2
17	粟＋豆＋馬鈴薯＋甘蔗＋黍	0	0	0	0	0	0	2	4	6	2	14	2	3

18	麦＋粟＋豆＋馬鈴薯＋甘蔗＋黍	0	0	1	0	1	0.1	4	4	4	2	14	2	0
19	豆	0	0	0	0	0	0	0	0	0	0	0	0	0
20	豆＋馬鈴薯	0	0	0	0	0	0	1	0	1	1	2	0.3	0
21	豆＋馬鈴薯＋玉蜀黍	0	0	0	0	0	0	0	1	2	0	3	0.5	0
22	豆＋馬鈴薯＋玉蜀黍＋黍	0	0	0	0	0	0	0	0	0	0	0	0	1
23	馬鈴薯(甘蔗)	0	0	2	2	4	0.4	0	0	0	0	0	0	0
24	馬鈴薯(甘蔗)＋玉蜀黍	0	0	0	2	2	0.2	0	2	4	2	8	1	0
25	馬鈴薯(甘蔗)＋玉蜀黍＋黍	0	0	0	0	0	0	0	0	1	0	1	0.2	0
26	玉蜀黍	0	0	0	0	0	0	0	1	0	0	1	0.1	0
27	玉蜀黍＋黍	0	0	0	0	0	0	0	0	0	0	0	0	0
28	黍(きび)	0	0	0	0	0	0	1	0	0	0	1	0.1	0
	調　査　数　計	258	258	258	258	1,032	100	162	162	162	162	648	100	100

＊　春（３－５）夏（６－８）秋（９－11）冬（12－２）と区分されている。季節によって穀物となる作物が異なり、混食の多い主食の場合も季節が大きな影響を与えていた。作物のできない時期は春窮期と呼ばれて多数の農民が飢えに苦しみ粥食などで対応していた。

＊　一項目中の穀類の組み合わせは一部除外される組み合わせもあるが煩雑になるので表記の通りとした。例えば甘蔗と馬鈴薯は多くの場合はどちらかを主として使われる。組み合わせは多くても３－４種類になると思われる。

＊　米・麦・粟・豆・馬鈴薯（甘蔗）・玉蜀黍・黍は単独に項としてあげられているが、使用例のない豆は豆のみを主食として摂るという意味である。

＊　原表資料は地域、海岸・平野・盆地・森林・高台・高山に区分されているが省略せざるを得なかった。

＊　パーセントは春・夏・秋・冬の総数に対する比で本来は季節ごとのパーセントを出すべきであるがここでは省略した。作物ができる順に直ちに食としていたのが大半であったと考えられる。

＊　右端の全国平均は全朝鮮各道の平均パーセントから作成した。但し、０パーセントとあるのは０パーセント以下の数字を四捨五入したためで、実際にはすべての項目で数字があげられている。

多く、農村部の学校のない山間部は少ないという傾向を持っている。また、校長が回答していることから通学してくる生徒の生活水準を参考にして回答書に書き込んでいると考えられ、この時期の公立普通学校の就学率、男子五〇パーセント、女子一六パーセントからすると一般的には中層家庭の食事状況を反映しているとも考えられる。下層農民の実態からは少し上の階層の主食の状況とも言える。少なくとも下層小作農民の食事内容はここに示されている数字以下であり、これ以上ではなかったと考えても誤りではないと思われる。しかし、こうした全朝鮮を対象にした食事内容の調査は以後には発見されていないのであり、朝鮮人の食事内容を知りうる貴重な資料である。

第11表によってさまざまな全羅南道と江原道の主食の状況が明らかになっているが全道平均と比較しながら、いくつかの特徴点について述べてみたい(15)。

1　全羅南道と江原道は第9表で見た平均余命の差と同様な、それ以上の差が主食に存在していることが明らかである。米のみの食事の比較では全羅南道では一六パーセントであるが江原道では七パーセントにすぎない。米と麦でも全羅南道では二三パーセントを占めるが、江原道はわずかに二パーセントの住民が米と麦を主食にしているにすぎない。極めて大きな差が存在するのである。

2　一方他の馬鈴薯などの穀物を多く混食する割合は江原道が全羅南道の割合を超えているのである。こうした点に典型的に見られるように江原道は他の穀物類との混食率が極めて高いのである。特に馬鈴薯・粟・豆との混食が多く馬鈴薯料理がさまざまに工夫されている。

第12表　主食の全羅南道・江原道　全道平均の割合

（%）

	全羅南道	江原道	全道平均
1　米のみを主食とし麦等の穀物を全く摂らないもの　第11表１項	15.41	6.34	13.09
2　米・麦、幾多の穀物を主食としているもの　第11表２～７項	60.96	67.87	59.42
3　米を全く摂らないもの・麦・粟・豆・馬鈴薯などを主食とするもの　第11表８～12, 18項	22.39	19.16	19.51
4　米も麦も摂らず粟その他の穀物を主食物としているもの　第11表13～17項、19～28項	1.24	6.63	7.98

＊　前掲資料による。

3　13番以下に示されているように粟・豆・玉蜀黍以下の混食率は全羅南道はすべてコンマ以下を示しているが江原道はいく分コンマ以上の数値を示している。全国平均と較べると大差ではないが混食率が高かったことを示している。

4　全道の数値は全羅南道と同様の傾向を持っているが、粟など主産地が朝鮮北部の比率が高く、全道平均を押し上げているのである。なお、粟の一部は「満州」から移入され消費されていた。

5　結果的に江原道は全道平均に比較しても三種類以上の混食率が極めて高かったことを示している。江原道ではこの主食類以外にも手近な食材を混食していたと考えられる。

などの要因を上げることが出来る。

また、この調査報告書では米の消費の観点からか、主食を大別しているがこれを第12表として主食の内容について述べておきたい。ここでは江原道のことを中心にして考えたい。

第12表の第1項について述べると米のみを主食とする場合で見られるように江原道が低く、全道平均の半分にも達していない。全羅南道は全道平均を上回っているのである。穀類のなかでも栄養にすぐれている米の消費が全羅南道の平均の半分にしかすぎなかったのである。こうした確認をした上で考えなければならないのは、朝鮮全道で言えば米を食べていた人が約一三パーセントにしかすぎないということである。調査報告でも「米のみを主食とせるは都会と南部地方の米に恵まれたる一部農村にとどまっているのが朝鮮住民の大部を占める地方農民の実状である」としている。米のみを主食としている朝鮮住民は約一三パーセントであるが第12表の2－4項の混食を中心にしている者は約八六パーセント強になっている。この調査では八六パーセントの朝鮮人が混食をしているのである。

一方、第2項の混食率で見ると江原道が全羅南道より、さらに全道平均よりもっとも高いのである。第3項は米以外の穀物を主食としている場合は大きな差異はないと言えよう。第4項は米・麦を摂らない場合は全羅南道の比が低く、江原道、全道平均の方が高くなっている。全羅南道が朝鮮有数の米作地帯であることを反映しているのである。

第12表第2項に示されているような状況から、江原道では六七・八七パーセントの人々が混食主体であると指摘できるのである。江原道の米を摂取していない人を加えた混食率を見ると九三・六六パーセントが混食で、白米のみを食べている人は六・三四パーセントにすぎないのである。この江原道における混食については研究を要するが副食との関係もあるために、ここでは最小限の指摘に止めたい。江原道に見られるような混食は朝鮮全体で行われておりそれ自体栄養が悪いわけではないが、問題は馬鈴薯が中心でそれに少量の麦、粟などを炊き合わせたり、玉蜀黍を中心とした混食などが考えられ、バランスの良い食事にはならないような場合もあったと考えられる。実質的には各穀物の単食に近いものではなかったかと考えられ、栄養的には片寄りがちになったと考えられる。

次に注目されることは混食を含めて米を全く摂らない者と米も麦も摂らない者（第12表第3項、第4項）が全道平均で二七パーセントにも達していることである。米どころである全羅南道でも二三パーセント強の地域で米を食べていなかったのである。この調査が学校通学者家庭の実状を反映したものであるとすると、学校に通学できない階層の人々のそれはさらに米の消費は少なく、その他の穀物を摂る場合が多かったと考えることもできる。南部でも米を消費していないことについて調査報告書では「米を売りて粟・その他を購い雑穀を主食とせるも亦知られた事実」としている。米どころの全羅南道でも米が食べられない農民が多く存在したことが明らかになっているのである。

（2）両道の副食物調査結果概要と全道比

生命を維持するためには主食のみではなく、副食が大きな役割を持っており、人間の生存率にも決定的な要因になっていた。朝鮮における副食は地域・季節によって多様で豊かであったが「食誌」のような文献以外に近代、特に一九三〇年代後半からの副食状況の全道的な調査は発見できていない。こうした意味ではこの調査は貴重である。しかし、主な副食とは言えない側面もあるが、副食として一定の役割を果たしていた田螺・ドジョウ、野いちご・山ブドウなどはここでは含まれていない。ここでは調査者の設定に従って副食の検証をしていきたい。ここでも全羅南道と江原道を比較、さらに全国平均を見ながら副食の実態を考えたい。まず、調査から主食と同様に全羅南道と江原道を比較し、さらに全道平均のなかで位置づけを行いたい。但し、副食調査の内容は各季節ごとに一度、乃至は数回肉食や魚を摂取していれば肉、魚を摂取していたと記入された場合もあると考えられ、不正確な側面があると思われる。

第13表に示されている副食の状況調査は大きな問題を含んでいる。例えば第16項のようにすべての副食品をまんべんなく食べていたとする地域が二五パーセント前後に達するという調査結果が提示されているが、この数字は一定の季節内で何回かの肉食、あるいは魚を食べていたとしても肉食、魚食を摂っていたこととして処理されていたと考えられる。量的な問題に関心が払われていないと思われる。毎食第16項目のような食事をとっていたわけではないのである。朝・昼・夜食の区分も行う必要があると思われるが調査対象にはなっていない。

第13表　全羅南道・江原道の副食と全国平均

副食内容	全羅南道						江原道						全国平均
	春	夏	秋	冬	計	%	春	夏	秋	冬	計	%	%
1 野菜(キムチ)	15	17	22	30	84	8	3	5	3	3	14	2	5
2 野菜＋味噌	45	57	55	48	205	20	32	41	40	41	154	26	24
3 野菜＋卵	0	0	0	1	1	0.1	0	0	0	1	1	0.2	0.2
4 野菜＋味噌＋卵	5	2	2	1	10	0.9	4	3	2	2	11	2	0.9
5 野菜＋魚肉	14	23	26	21	84	8	1	6	7	6	20	3	4
6 野菜＋味噌＋魚肉	54	66	58	56	234	22	17	22	23	21	83	14	18
7 野菜＋獣肉	2	2	3	5	12	1	1	3	2	7	13	2	1
8 野菜＋味噌＋獣肉	6	6	8	8	22	2	10	9	9	11	39	7	7
9 野菜＋卵＋魚肉	0	0	1	0	1	0.1	0	0	1	0	1	0.2	0.4
10 野菜＋味噌＋卵＋魚肉	9	9	6	6	30	3	8	7	8	6	29	5	2
11 野菜＋卵＋獣肉	0	1	2	2	5	0.5	2	1	1	1	6	1	0.6
12 野菜＋味噌＋卵＋獣肉	2	2	2	2	8	0.8	6	1	6	3	16	3	3
13 野菜＋魚肉＋獣肉	5	3	4	7	19	2	0	0	2	4	6	1	1
14 野菜＋味噌＋魚肉＋獣肉	23	20	7	18	68	6	11	18	12	13	54	9	9
15 野菜＋魚肉＋獣肉＋卵	2	1	2	1	6	0.6	4	1	3	1	9	2	1
16 野菜＋味噌＋魚肉＋獣肉＋卵	81	54	55	57	247	24	50	32	30	29	151	25	22
計	263	263	263	263	1,052	99	149	149	149	149	596	102	99

＊　前掲高井論文の副食物道別各表から作成した。各道パーセントは総数に対する比であり、全道パーセントは資料の数字によった。

＊　この副食物の分類は調査・論文作成者たる高井俊夫がタンパク質の含有量を基準として行ったとされている。

＊　計のパーセントは総数に対する比で、四捨五入した。

＊　全羅南道と江原道は共に海岸を有し、漁獲があるが、江原道は大半が山地である。この調査では地理的条件も加味して行われているが、ここでは煩雑になるため省略した。

また、卵に関しては蛋白質を含むことから調査者である高井俊夫の関心から項目に入れられたと考えられるが、現実の農村社会のなかでは消費統計に値しないほどの摂取しかしていないことが本表からも明らかになるのである。

さらに野菜＝キムチ（各種あり）として取り上げられているが、野菜はキムチにする以外にも豊富に摂取されおり、カボチャや夏の真桑瓜などは主食の代わりに大量に消費されているということなど、現状に合わせた調査方法が採られるべきであったと考えられる。こうした多くの問題を含むものの以下のような貴重な内容を示している点もある。

第一に全羅南道も江原道も年間を通じて二八パーセントの人々がキムチと味噌以外に副食を口にしていないことが明確に示されていることである。全国平均でも二九パーセントにもなり、少なくとも朝鮮の三分の一弱の人々がキムチと味噌のみによって年間を通じて食事をしていたことが判るのである。キムチのビタミンと味噌の蛋白質によって朝鮮人の三分の一が生命を維持していたのである。公的な実態調査によってこうした副食の内容が確認できたことは、植民地支配下の生活状況分析にとって多くの示唆を与えるものとなっている。この点は評価しなければならないが、この調査のキムチ、味噌食のみが三分の一というのは実体より極めて低い水準の調査結果であり、この理由は次のような諸点が考えられる。

先に指摘したように魚と言っても多くが乾鱈の一部を割き味噌汁にしたものや、小魚の干したもの（各種のミョルチ）を味付けした食品などが主なものであったと考えられる。こうした魚の利用も魚肉利用として採用されていたと思われる。

肉も祭祀のときなどに食べることができた程度であり、季節ごとに何度か食べられたことが調査統計では多くの人々が摂取していたかのような結果になっている。農村部では肉は自家用に処分されているものを消費していたと考えられ、毎日のように魚・肉などを食べていたのは都市に住む地主層や商人たちであったと思われる。

このキムチ、味噌食の三〇パーセントという数字は、前掲した京畿道の朝鮮人学童食調査に示された七〇パーセントを超える児童はキムチと味噌のみを副食としていたことから見るとはるかに小さい（一八頁参照）。先にも指摘したように京畿道は食料状況の比較的に良い地域であることから、児童に記入させる調査方法などを採れば全羅南道・江原道ではキムチと味噌のみの食事比率はさらに高くなると考えられる。このことについては調査者である高井俊夫も副食のキムチと味噌の役割についていて次のように指摘していることからも明らかである。

「半島住民は副食物に於いて又特異なる食様式を持っていることは衆知のごとくであり、一部都会在住者を除きては一年中副食物は種々なる種類の朝鮮漬け、及び味噌に求めている者多く」(16)として動物性蛋白質と植物性蛋白質をどう採っているか、という関心からこの調査を行っているのである。

キムチと味噌以外にも全羅南道と江原道では魚肉の摂取にも差が認められる。調査項目5では野菜と魚肉を食べているものが全羅南道では八パーセントなのに、江原道は半分弱の三パーセントにしかすぎない。

第14表　全羅南道と江原道の主食における米麦の占める位置（%）

項目	全羅南道	江原道	全道平均
1　米のみ	16	7	14
2　米＋麦	23	2	16
3　米＋麦＋粟（稗含）	6	7	7
4　米＋麦＋粟＋豆	11	13	17
5　米＋麦＋粟＋豆＋馬鈴薯	20	32	19
6　米＋麦＋粟＋豆＋馬鈴薯＋甘蔗	0.5	14	3
7　米＋麦＋粟＋豆＋馬鈴薯＋黍	0.5	6	2
計	77	81	78
総計比	100	100	100

＊ 第11表から作成

6項の野菜と味噌と魚肉を摂っているのは全羅南道が二二パーセントであるのに、江原道は一四パーセントで半分強にしかすぎない。周知のように江原道も全羅南道も海岸を有し、江原道は棒鱈の産地として知られている。これに対して野菜と味噌の比率では全羅南道では二〇パーセントであるのに江原道では二六パーセントである。肉に対して安価であった魚肉の摂取率が低いという特徴を持っているのである。動物性蛋白質の摂取が江原道では少なかったのである。肉についての数値は江原道の方が若干高いものの全体の摂取率は低く、全道平均と同様であり動物性蛋白質の摂取は低かったのである。

以上のような副食調査の結果は検討の余地があるものの、全羅南道と江原道の副食についても一定の差がある。しかし、江原道は魚肉の摂取量が低いものの全道調査とほぼ一致している。こうしたことから平均余命に見られた全羅南道と江原道の栄養的な側面から見た大きな差は主食にあり、両道の間では主食の差が大きかったと考えられる。

4　江原道の主食について

朝鮮各道のなかでも江原道が生存率が際だって低いことはこれまで見てきた通りであり、その理由として主食に全羅南道をはじめ他道との差が大きいことがあげられる。

まず、第11表に示した主食の大半を占める米を中心とした主食の相違と重複するが確認するために一覧表にしておこう（第14表）。

この表から指摘できることは米・麦、その他の混食が主食の割合のなかでもっとも多い。2項から7項までが八〇パーセントを占める。なかでも江原道は5、6項に示されているように馬鈴薯の混食率が全羅南道より、全道平均より一〇パーセントも高いのである。5、6項目を合わせると四六パーセントにもなっているのである。7項を加えると江原道の五二パーセントが馬鈴薯を年間を通じて混食としていたことが浮かびあがるのである。総合計では馬鈴薯を混食とした主食は六八・九パーセントに達する。極めて高い比率で馬鈴薯を主食にしていたと考えられる。この調査ではそれぞれの穀物の配分量が不明であるが、馬鈴薯が主食に占める位置、方法で馬鈴薯を主食としていた比率は約七〇パーセントに達する。何らかの量が江原道では極めて多かったと考えられる。

こうした他道とは違う条件が生命表に表現されているような江原道の死亡率の高さの原因の一つとなっ

ていることは確かであろう。この問題についてはさらに穀物生産量の把握、食品の栄養分析、風土病の存在、衛生状態になどについての検討が必要であることは言うまでもない。こうした江原道の状況については稿を改めて検証したい。

しかし、植民地下の農民生活が食生活を見る限りでも主食、副食ともに厳しい状況に置かれていたことは確かなことである。この調査の終わった翌月には大旱害の様相が予見され、食料事情は次第に悪化していったのである。

注

（1）朝鮮農村衛生調査会編『朝鮮の衛生調査―慶尚南道達里の社会衛生学的調査―』岩波書店　一九四〇年刊　二一〇ページによる。年齢別、体位、体重、胸囲などのデータが詳細に調査されている。

（2）朝鮮総督府農林局『朝鮮の農業』一九四一年版　二〇〇ページによる。

（3）高井俊夫・裵永哲「朝鮮に於ける都市並に農村学童の栄養学的観察」『城大小児科雑誌』第二巻五号　一九四〇年三月刊所収。高井俊夫は一九〇三年生、九州大学医学部卒業、小児科医。外にも「半島に於ける小児体位向上への道」『同胞愛』一九三八年一一月号などの雑誌などに論文を発表している。戦後、大阪市立大学医学部教授などを歴任。

本調査は同時に行われた三一一〇校を対象として実施された全朝鮮の各道住民食調査の回答校二四七五校の分析結果との姉妹編とも言うべき性格を持っており、上記雑誌の同号に高井俊夫「朝鮮住民の食に関する栄養学的観察　第一編　朝鮮に於ける各地方住民の主食物並びに副食物について」（以下、「住民食調査」）

として掲載されている。各道別に各学校管内の主食、副食の分析が行われており、この地域的な食の特徴については別に論じたい。なお、この住民食調査報告書は児童に記入させる方法ではなく学校長に対して行ったものである。この調査は朝鮮人学校の校長も日本人が多く、日本人校長がどの程度地域の食事、朝鮮人の食事内容について知っていたのか、という疑問も残る。しかし、他のこの時期のこうした調査が存在しないこと、ある程度の地域の実情を反映していることから貴重な分析資料と言える。この論文で以後の第二編、第三編として調査分析報告が予告されているが、前掲『城大小児科雑誌』などを調査したが発見できなかった。

なお、この住民食調査報告書は同じ内容で糧友会朝鮮本部から『朝鮮住民の食に関する栄養学的観察』として一九四〇年に刊行されている。

(4) 江原道は朝鮮で平均寿命がもっとも短い地域で、山地が多く生存条件がもっとも悪かったと思われる地域である。原藤周衛「道別朝鮮人生命表」『朝鮮医学会雑誌』第三〇巻七・八号、一九四〇年八月による。

(5) 金富子『植民地期朝鮮の教育とジェンダー』二〇〇五年刊、三六九ページによる。

(6) 前掲『朝鮮の農村衛生』一九四〇年　岩波書店、ヒヤリング調査による。

在日朝鮮人女性一世の証言でも米は主人が食べ、混食の麦は女性が食べたと言う。許任煥「朝鮮での暮らしと日本での暮らし」『在日一世の記憶』集英社　二〇〇八年刊による。

(7) 日本人と朝鮮人上層階層には関係がなかったものの、六月末は農村部では春窮期と言われる時期の終わりに位置し、重要な主食である麦ができる時期である。

(8) 前掲『朝鮮の農村衛生』一九四〇年　岩波書店刊で調査対象になっていた蔚山近郊農村達里での調査結果による。

（9）朝鮮総督府『朝鮮総督府統計年報』一九三九年版による。この調査実施過程では『朝鮮諸学校統計』の一九三八年版が使われたと考えられる。『朝鮮総督府統計年報』の一九三八年統計では日本人学校と朝鮮人学校を併せて三二一〇校となっている。したがって開設されて間もない学校が調査対象から外されたとすれば、朝鮮全体の学校を調査対象にした大がかりな調査であった。この調査には総督府学務部が協力したと後書きにある。

（10）この調査報告書では「雑穀」とされているが、それぞれの地域で生産されている穀類などを混食しているのであり、栄養的には混食の方が優れている。朝鮮では混食の際の炊き方が工夫され、食べやすくされていた。

（11）原藤周衛「道別朝鮮人生命表」『朝鮮医学会雑誌』第三〇巻七・八号　一九四〇年八月刊による。原藤は一九一五年生。咸興小学校卒、京城帝国大学医学部卒。同大衛生学予防医学教室、一九四四年医学博士、一九四一年徴兵、戦後は陸上自衛隊衛生監、水島治夫門下。

（12）水島治夫は乳幼児死亡率の高さを指摘し、生命表の研究など先駆的な研究を指導していた。水島治夫は東京帝国大学医学部卒後一九二六年に京城医学専門学校教授になる。二七年に京城帝国大学医学部助教授、一九三九年には朝鮮総督府視学委員となる。この一九三九年の時点で前章の京城帝国大学医学部の「学童食調査」と「住民食調査」が実施された。この調査は水島の存在によって可能になったと考えられる。一九四〇年には九州帝国大学医学部教授へ転出した。水島の略歴は愼蒼健「植民地近代論への問題提起」二〇〇八年六月二一日、朝鮮史研究会月例会報告レジュメの略歴を参照した。生命表については拙著『戦時下朝鮮の農民生活誌』でもふれている。

（13）崔はこの論文のまとめの朝鮮人の部に平均余命が伸びていることについて「最大平均余命は男五〇・二八

年、女五二・四一年にして第一回のそれに比して男二・七年、女三年延長されている」としている。これは一九三五年の時点までのことで、現在のところ平均余命が食糧不足下の戦時動員期にも同様であったかどうかについては実証的に研究されていない。崔は京城帝国大学医学部衛生学予防医学教室で水島の指導を受けていた。

(14) 朝鮮における乳幼児死亡率は統計の不備と生死の届け出制度の不十分さから死亡率は実際は高率であったにもかかわらず、統計上死亡率は極めて低くなっていた。実際の朝鮮における乳幼児死亡率は三〇パーセントを超えていたと考えられる。しかし、これが統計上に反映されていないために平均余命の計算を正しく出来ないという事情から第9表のような一二歳の平均余命の算出という手法を取らざるを得なかった。この乳児死亡率の状況については拙著『戦時下の農民生活誌』一七二ページ以下を参照されたい。

(15) なお、本表では二八品目もの主食穀物があげられ、組み合わせも多いがこれが直ちに生存率に影響するとは限らない。量的・質的な問題や主食の栄養素を含めた検討が必要なことは言うまでもない。むしろ、混食は米あるいは麦の単食より栄養のバランスを良くする場合もある。混食の調理方法も多様で工夫されていた。混食と食糧不足を補うために一つの方法として粥として食される場合も多く、こうした検証も必要であると考えられる。また、朝鮮では温飯が一般的であることは混食との関連があり、温飯でないと食べにくくなる場合もあった。混食の具体的な事例ごとに組み合わせなどが検証されるべきである。

(16) 前掲高井論文「朝鮮住民の食に関する栄養学的観察」五一ページによる。

実態としてはここで示されている統計以上にキムチと味噌のみで食事をしている地域が大半であったと考えられる。

第二章　凶作下の朝鮮農民

第一節　一九四二〜四四年の三年連続凶作と戦時農業

前章で見たように朝鮮農民の食事情はその健康の維持さえむずかしいような状況に置かれていた。一九三八年からの国家総動員体制と戦時体制下に朝鮮農民たちはどのような環境下に置かれていたのであろうか。本章はこうした課題設定に基づいて実証的に検討をすすめる。

日本の植民地支配は戦時下に「大陸兵站基地」化や工業化が一部で進んだものの、韓国併合以降の基本政策は朝鮮人人口の八割を占めた農民支配と米生産のための単作化事業にもっとも大きな力が注がれ、生産された米は日本に安く移出されていた。米の生産は増加し、米の過剰生産さえ指摘されていたが一九三九年の朝鮮の大旱害は、朝鮮を含む日本全体の米不足をもたらすものとなった。一九三九年米穀年度は日本に六八九万石ほど移出していたが、凶作後の四〇年米穀年度の日本への米移出量は約六〇万石にすぎなくなった。前年に較べ十分の一以下に激減しているのである。以降、軍用米の需要増加もあって日本全体の米不足は深刻になっていった。これに追い打ちをかけるような事態が朝鮮で起きたのである。太平洋戦争開戦直後の一九四二年から始まった三年連続の凶作である。戦時下の朝鮮における米の生産状況と日本への移出量は第15表に掲げる通りである。

大旱害のあった一九三九年の収穫と大きな差がないほどの深刻な事態となったのである。平年作は二三〇〇万石前後であるとされているので、四二年からの三年間は米穀生産石数は深刻な凶作であったと言える。しかし、凶作後の一九四三米穀年度、四四米穀年度も日本への生産に対する移出量は一九三九年の旱害時を反映した六〇万石より極めて多くなっているのである。強制供出による米の農民からの収奪の強化を反映しているのである。

第15表　朝鮮における米の生産量・指数・日本への移出量　（単位　千石）

	米の生産数量	指数	日本移出量（米穀年度）
1936	19,411	97.1	9,513
1937	26,797	134.0	7,202
1938	24,139	120.7	10,997
1939	14,356	71.8	6,895
1940	21,526	107.6	601
1941	24,886	124.4	4,529
1942	15,688	78.4	5,776
1943	18,719	93.5	4,750（雑穀含）
1944	16,606	83.0	2.740
平均	20,001	100.0	

＊　日本への移出数は米穀年度　1939年度の凶作は40年の移出に反映されている。

＊　近藤釼一『太平洋戦争下の朝鮮４』などから作成した。

本章ではこの凶作要因と考えられる自然条件、肥料・農具の不足が深刻になったことについて検討した。さらに労働者不足がそれを加速していたことについてもふれておきたい。

自然条件で言えば四二年度はかなり自然災害の影響があったが、四三・四四年度については肥料・農具不足が影響していたと考えられる。こうした要因に加えて総督府が進めた農業再編成という名の南部農村からの不採算零細小作農の労働者としての日本等への動員が農業生産にも影響していたと考えられる。このため一九四四年五月に実施された人口統計から男子稼動労働者として一六歳から五〇歳までの総数を算出し、日本、「満州」、中国各地への動員者、徴兵者、軍属、朝鮮内動員者、朝鮮内労働者数などを差し引いて残された農業従事者数を算定した。それまで農村で生産を支えてきた農業労働者、多数を占めた下層小作農民が農村から大量に流出し、農村が深刻な労働力不足に陥っていたことを明らかにした。男子労働者が農村で枯渇すると総督府は農村で慣行を無視して女性に耕牛訓練をしたり、国民学校を卒業したばかりの少女たちを日本に勤労挺身隊として動員するまでした。農村を含めた学生の朝鮮内における動員も多くなった。

特定地域であると考えられるが、農村労働力不足が深刻になった事例として次のように報告されている。「三井芦別炭鉱に於ける最近移入の朝鮮人労務者は殆ど老人（五〇―六〇歳）及び年少者（一五、六歳）にして重労に耐えざる者多くこれらの者の言を総合するに農耕に従事中強制的にかり集められたる旨洩らしあり」[1]としている。すなわちそれまで労働動員の対象であった一六歳から五〇歳までの労働者が農村にはいなくなり、大半が農作業をしていたところを動員されたとしているので、農業労働が彼等によって担われていたことを示している。また、そうした老人や子どもたちまで動員されていたのである。

同時に在村地主や有力自作農からは炭鉱・土木労働などに動員されることはなく、自作農や小作人上層出身の男子労働者で国民学校の卒業者は工場等に動員されていた。総督府は選別労働動員を実施していたのである。

労働力不足が一般化して農業生産が三年連続で減少したという側面も見逃すことは出来ないと考えられる。自然災害や肥料・農具不足、農業労働者不足などの条件が重なって凶作が連続し、それが常態化していくという総督府当局にとっては危機的な状況になっていたと言える。

この凶作が連続したにもかかわらず、日本への移出は一九三九年の大旱害のときよりも増加したことで、朝鮮農村では食糧不足が常態化していた。一九四四年五月、当時の平安北道北鎮公立国民学校の児童の一人が空腹に耐えかねて「犯罪」を犯したとして次のようにその概要が報告されている。「同地に於ける食糧規制に基づく一般の配給量は一日二合にして学童に対する昼食等は充分でなく、従って学童の体育並素行上憂慮すべきものがある」としている。なお、同校校長の言によれば「同校児童一三九二名の内食糧不足のため昼食を持参しないものが約三分の一の四六〇余名も居り彼等はいずれも活気なく学業、運動とも充分出来ぬという状態である」として「この種事件は全鮮的に大小に拘わらず発生しているように見受けられる」と報告している。[2] このような食糧事情は一九四二年の時点でも総督府当局がまとめた『経済治安情報』などにも多く掲載されており、[3] 凶作が続いた四二年から継続し、青少年の健康に大きな影響を与え続け、むしろ悪くなっていたと言えよう。

本章ではそれぞれの凶作の要因になった自然条件などの事項について出来るだけ詳細に実証することに

努めたが、この時期の農民動向などについては研究が少なかったこと、一九四四年から四五年にかけての資料が極めて少ないこと、米に代わる重要な農作物である麦作が一九四五年には不作であったことなどが十分に実証できていない点もある。

第二節　戦時下朝鮮の自然災害

1　米の生産と自然条件

戦時下の朝鮮農業が農民生活に与えた深刻な状態はそれなりに検討されてきたが、それに加えて自然災害が農民に大きな影響を与えていた。このことについては一九三九年の大旱害については拙著『戦時下朝鮮の農民生活誌』で論じているが、米の生産は一九三六年以降では最低を記録し、このときの朝鮮の旱害を契機に日本全体の米が不足するという事態になっていた。しかし、一九四二年からの災害については具体的に論じられなかった。戦時下にもたらされた朝鮮社会の疲弊の深刻さと社会状況の変化について論じようとするときに、自然状況についての考察を抜きには考えられない。自然災害は農民生活に深刻な影響を与えていた。それは農村からの農民移動に関連しており、朝鮮農業政策とも関連していた。植民地支配下における自然災害と農民移動全体については十分ではないものの拙論「植民地下朝鮮における自然災害と農民移動」『法学新報』一〇九号　中央大学　二〇〇二年刊で一部は検証した。

しかし、太平洋戦争が始まる一九四一年末からの戦時下にどのような自然農業災害が存在したかについては、一九三九年の大旱害以外についてはこれまで全く研究されてきていない。一九四〇年と四一年についてはそれなりに農業生産は平年並み以上であった。しかし、一九四二年以降に自然災害とその結果としての凶作が朝鮮社会を覆うことになる。そこで本稿では一九四二年以降の自然と農業災害の実状を明らかにしておきたい。この朝鮮の農業自然災害は朝鮮農業政策と実態が米を中心にしたものとなっており、ここでは米を中心にした検討を行う。もちろん、朝鮮農民にとっては伝統的な食糧であり、この時期も重要な役割を果たしていた麦、蕎麦、粟、馬鈴薯などの畑作物と戦期末に奨励された甘蔗などの生産についてもふれるべきであるが別に譲りたい。

朝鮮における米の生産状況から見ると一九四〇年と四一年は二〇〇〇万石を超えた。これを前提に一九四二年度からの米穀供出対策要綱による供出は、それまでにない厳しいものとなっていた。アジア太平洋戦争が背景にあった。ところが実際には四二年～四四年については前年、四一年の二四、六八六石を大幅に下回る一五〇〇百万石前後の生産量にすぎなかった。朝鮮農民は厳しい供出体制と凶作の間で苦しまなければならなくなったのである。この時期は朝鮮総督府が総力を挙げて米の生産に力を注いでおり、それにもかかわらず大幅な減産となったのである（米の年度別生産量については五八ページ第15表を参照されたい）。

この減産の要因はこの時期の供出を中心とする農業政策、肥料不足、農具不足、労働力不足の問題と農民の生産意欲の減退などの要因が複雑に絡み合っているが、自然災害もその一要因と位置づけることができる。

朝鮮における自然災害の影響は朝鮮農業の状況、水利施設の条件から大きなものとなり、特に降雨のみに頼る天水田の割合が大きかったために自然の影響を強く受けることとなった。天水田は全朝鮮の水田面積の五〇パーセントにも達していたのである。

米の生産を巡る自然災害は降雨量、台風などの風水害が大きく影響する。特に米の生産で重要な指針は植え付け時の降雨とその後の降雨量が大きな影響を与えた。各年別に台風や植え付け時の降雨量について検証しておこう。植え付け時期については、適期植え付け限界期は平均的には六月三〇日であり、それを超えると植え付け時期を失することになり、稲の生育は難しくなる。地域別の水稲植え付け適期は一般的には第16表のとおりとなる。

第16表　地域別適期と採算可能限界

	植え付け適期	採算可能限界
朝鮮北部	6月30日迄	7月10日迄
中部	6月30日	7月20日
南部	7月10日	7月30日

＊　井上晴丸『朝鮮米移出力の基礎的検討』1994年9月刊による。

この植え付け限界は雨量だけでなく、気温、水利の状態など他の要因に左右されるが、植え付け時期を失すれば米の生産量が減少することは第17表を見れば明らかである。

本表を見れば明らかなように七月一〇までに六割から七割の年次では二千万石以下になっており、凶作になっている。一方、一九四一年には六月三〇日の時点で九割を超えており、七月一〇日には一〇〇パーセントを示している。こ

第17表　水稲期別植付別割合

日付・年代	1938	1939	1940	1941	1942	1943	1944	1945
6.20	6.17%	3.49%	2.53%	6.11%	3.57%	4.92%	2.94%	
6.30	9.28	5.30	5.31	9.32	6.63	7.13	4.19	
7.10	9.90	6.34	9.20	10.00	7.18	7.67	6.94	
7.20	9.90	7.09	9.97	10.00	7.42	9.29	7.71	9.82
7.31							8.15	
生産量	24.139	14.356	21.526	24.887	15.688	18.719	16.606	

＊　生産量の単位は千石。
＊　『本邦農産物関係雑件　農産物作柄状況　外地関係』1944年　外務省外交資料館蔵の関係資料から作成。
＊　1945年の数字は『本邦農産物雑件　農産物作柄状況　外地関係』1945年中の1945年7月27日付、朝鮮農務局長から内務省管理局長宛の報告による。

の年は豊作となっている。こうした事実は朝鮮農業にとって、水利施設・灌漑設備の不十分さから自然条件に大きく左右されていたことを示している。特に天水田に頼る耕地が多かったこともあり、自然条件が朝鮮農業にとって重要な要因となっていることを示唆している。

以下に具体的にどのような自然災害が存在したかについて年度別に検証しよう。

2　一九四一年からの朝鮮における自然災害

一九四一年から四五年にかけて朝鮮では、連年の自然災害に悩まされた。その様子をまとめると以下のようであった。

一九四一年八月　三回にわたる台風を含む風水害　死者一五七名　行方不明三五名　住宅流失八四四戸　全潰二五七七戸

水田　流出八、一四五町歩　埋没一三、一三八

浸水一一三二、九九二

一九四二年

畑　流出三、二八八町歩　埋没六、六五二　浸水三三、八四六
被害地　慶尚北道　江原道　咸鏡南道　黄海道　平安北道　平安南道(4)

しかし、この年の収穫量　二四、八八六千石で平年作以上の豊作であった。

慶尚南道蔚山郡方魚津の朝鮮連盟では「本年の旱害状況は全鮮的に相当深刻なるものがある」ため、九月の部落連盟必行事項として「旱害を克服せよ」を取り上げた。(5)この他、各地での旱害克服のため、とする新聞記事掲載される。

日本からの拓務省の旱害視察団（団長、貴族院議員）は朝鮮南部を視察していたが九日には「晋州から陜川へ」廻ったと報道される。(6)

慶尚南道では旱害災害地小作人救済のために被害率に応じて減免率を決めて地主等にも通知(7)「旱害被災民救済対策の全貌」として七割以上減収農家を各種工場に動員、自力更正を目標に、とする記事が掲載される。(8)

旱害救済義捐金の募集寄付が美談として紹介される。(9)

「昨年当地（朝鮮）では四月から八月五日にかけて高温乏雨で昭和一四年の旱害よりも一層深刻のものがあり、米作もこのため平年の四割程度であった。その後、八、九月には不必要な雨が降り、相当量の雨量もあったが一〇月から再び雨量不足となり異常の年と思われ……」(10)

「同年夏（一九四二年）再度大旱魃の襲う所となりこれが影響は昭和一四年度旱害のそれに

比し更に深刻なるものありたり」として「厭戦的、反官的気運を生じ」、多くの「犯罪」が起きていると詳細に報告されている。(11)

一九四三年

この年の収穫は自然災害によって一五、六八八千石の凶作となった。

一九四三年五、六月号の『気象要覧』や中央気象台の『雑報』、『気象適用表』などからこの年の雨量の特徴を上げておくと、五月までは深刻な水不足が継続し、六月から一部地域で平年より多い雨量があったことが判る。雨量は一月から五月までは朝鮮北部を除いて「著しく少ない」状態で米の植え付けに重要な五月の南部の気象台別降雨量はすべての観測点でマイナスを記録しており、平年との差が五〇パーセントにもなっているところが多い。次のような状態であった。六月にも雨量は少なく平壌の平均雨量との差はマイナス五二パーセントにもなっていた。一部地域では降雨があり釜山では一一パーセント、全州では二〇パーセント平年を上回っていたにすぎない。他の地域では雨量は平年より少なかった。ところが七月には一定の雨量があって一応の植え付けは出来たが、植え付け適期に植え付けなければ減収になるため、そうした地域が多かったと考えられる。

その後、七月二二日の総督府の発表によれば「全鮮的降雨によって中鮮の一部を除き植え付けは順調となり旱魃懸念は一掃されるに至った」としている。第18表のように植え付け総面積は一五〇万八千一三町一反歩で、植え付け予想面積の九割二分九厘に達している。しかし、朝鮮北部や中部は植え適期には降雨がなく、採算可能限界に近いときに降雨があったと考えられる。米作地帯の南部では採算可能限界に降雨があったと考えられる。その後、水害、台風、冷害の被害については明らかではない。

この年の収穫は一八、七一九千石であったが第15表の平年作の九三・五パーセントとなっている。

一九四四年　旱害　七月末日　植え付け予定面積の八割一分五厘を植え付け
六月三〇日　適期植え付け限界期までの植え付け面積　四割八分五里
植え付け後の降雨は慶尚南道、慶尚北道は降雨少なく七～八割の灌漑水は枯渇する危機にある。「大幅な減収を免れざるものと予想せらる」

水害　七月一一日～一五日　京畿道北部に豪雨
七月一九日～二〇日　忠清北道　江原道　黄海道に豪雨
これによる耕地流失、埋没面積五、四三二町歩　浸水面積一九、五五八町歩

冷害「水稲にありては一〇月に入り気温低下し平年に比し平均気温は勿論最低気温著しく低下せる為中南鮮地方にありても一〇月一日より初霜あり平年に比し一五日早し……九月中旬出穂最盛期なりし水稲は折柄入熟期にありたるを以て……」減収となった。

なお、この秋の低温は雑穀の収穫にも影響を与えた。(12)

「本年の植付用水は昭和一七年以降引続きたる旱魃にして西北鮮地方を除きたる中南鮮地方にありては雨量は本年一月より四月までは平年に比し七〇・九％、直接植付有効雨量たる五、六月もまた極めて少なく平年に比し六五・一％に過ぎず、茲に於いて今年植付予定面積一、六二二、八二七町歩に対し適期植付圏内たる六月三〇日現在植付済面積は六七九、七八七町歩、植付歩合四一・九％、殊に主要米産地帯たる中南鮮地方の植付は極めて進捗せず」

「六月三〇日　現在全鮮植付割合　平年七八％（三六～四一年）

本　年	四二％」
四二年	六六％
四三年	七一％

七、八月も旱魃が継続(13)

この年の収穫は一六、六〇六千石であり、凶作となった。

一九四五年は「西鮮地方を除き降雨良好なるため植付順調に進捗し……」（「本邦農産物雑件」一九四五年）であったが、朝鮮人の主食ともなっていた麦作は「近年稀なる寒気と湿害のため極めて憂慮すべき状況にして忠南（忠清南道）の如きは二分、三分作を予想されるにつき麦を唯一の食糧とする農村の食糧不安は春窮期に当たり深刻化しつつあるに加え……」（同書）となっており、生産した米を売って麦・粟を購入していた農民にとって麦の凶作はより深刻な影響を与えたと考えられる。

3　自然条件から見た一九四二年からの三年連続の凶作について

先に挙げた各年度の自然条件に関する資料から見た場合、一九四二年度は自然災害という側面が極めて強く現れていたと考えられる。

しかし、一九四三年の気象条件からは植え付け適期の問題もあったが、第18表のように本来豊作が予想される植え付け状況と自然状況であったと思われる。だが、凶作に準ずる米の生産量となっているのである。

さらに四四年度には自然災害の側面があったと考えられるが朝鮮総督府関係資料、新聞資料などでは確認できず、明確に自然条件のみで凶作になったのか、という点については確認しきれない。四四年七月には植え付け率は向上して降雨があったことが判るのである。七月二〇日現在では四二年度より植え付け率が高くなっている。増産の可能

第18表　43年7月20日現在の水稲植え付け状況

道名	植え付け面積（町歩）	植え付け予想面積に対する割合
京畿道	116,932	8.55
忠清北道	63,481	9.36
忠清南道	152,849	9.72
全羅北道	162,904	9.95
全羅南道	183,678	9.27
慶尚北道	169,391	9.23
慶尚南道	163,729	10.00
黄海道	128,138	9.96
平安南道	72,583	8.98
平安北道	87,506	9.32
江原道	74,865	8.64
咸鏡南道	63,877	9.62
咸鏡北道	18,073	10.00
計	1,508,013	9.29

＊「農会雑報覧　旱魃懸念完全に一掃」『朝鮮農会報』1943年8月号による。

性も存在したのである。しかし、米の生産量については四二年度より一〇〇万石ほど多くなっているにすぎない。

したがって四三年度と四四年度については自然災害以外の社会的な要因が米の生産に大きな影響を及ぼしていたのではないかと考えられる。農業労働者不足、肥料、農具不足、農民の厭農・離村といった諸要因が深く係わっていたと思われる。

すなわち、一九四三年と四四年度の凶作は自然的な要因ばかりではなく、社会・経済的要因が米の生産減少要因になったと考えられるのである。

なお、朝鮮における気象観測は朝鮮総督府気象台が行っていた。同所から『日用便覧』『気象要覧』『朝鮮の雨量』『朝鮮気象要覧』（一九四二年五月迄）などが刊行されている。朝鮮における気象文献目録としては松野満寿己　楠本久馬編『朝鮮気象学文献目録』が一九四五年に朝鮮総督府気象台から刊行され、二三四六件の文献が紹介されている。

第三節　肥料不足下の農民と稲作品種変更
——戦時下の多肥多収品種から小肥多収品種への転換を中心に——

1　朝鮮農業と肥料

朝鮮農民の生産活動にとって肥料は重要な役割を果たしていた。朝鮮では朝鮮の気候・風土にあった在来品種が植え付けられ、肥料も土糞、人糞、木の芽・若葉などを肥料として一定の生産量が確保されていた。しかし、朝鮮総督府は農政開始以降、米の生産のみに力を注いでいた。この結果、日本で開発された米の品種の導入は多収穫になる分、地力を消耗し化学肥料を含めて、肥料の投下をしなければ一定の収穫を望めない農業になっていた。伝統的な在来農法による自給肥料の堆肥、緑肥の生産から販売化学肥料使用へと変化していた。戦時下になると生産を上げるために化学肥料への要求が強くなっていた。この時期に主な生産品であった米について言えば、肥料の多少によって生産量は二割ほど違うとされている。麦についても同様なことを指摘できよう。また、米の増収に果たす肥料の役割は七八パーセントに達し、米の品種改良、耕作方法の改善といった方法は二二パーセントにすぎないと言われている。[14]

増産が叫ばれるなかで肥料の投下量が米の生産に大きな役割を果たしていたのである。戦時下の朝鮮農業では総督府奨励の小麦生産や薩摩芋などについても肥料は必要であった。朝鮮における米の反当収入は日本の半分程度であったことは広く知られていることであるが、肥料の大切さはより知られていた。しかし、使用量は少なかった。朝鮮における一般的な肥料の使用状況は総督府農政指導者の一人、広田豊によれば「水田畑のいずれにしても施肥の分量一般に甚だ少なく、水稲の反当収量、内地に比して半ばに過ぎぬことはこれを立証して余がある。施肥が年々行わるることなく隔年あるいは両三年にして始めて行はることがあり、無肥の年数は都邑を距るにしたがって増加し、特に金肥の施用に至りては交通至便の諸都に濃厚である。[15]」と評価している。また、同論文では朝鮮農村で肥料となるべき雑草が燃料に使われてしまうためである、と指摘している。

日本より収穫が少ないのは日本から導入された水稲品種が肥料を必要としており、それが地力低下の一つの原因であるとも言われている。天候など自然条件にもよるが肥料は農民生活を維持するために一定の役割を果たしていたのである。特に戦時下については農業生産が減少し、一九四二年からは三年連続の凶作になった要因は肥料問題とその不足にもあったと考えられる。もちろん労働力不足と自然条件、農具不足、供出強制などの要因もあった。そうしたさまざまな要因によって農業に希望がもてず、利益が得られず生活の維持が困難になっていたと考えられる。肥料不足も戦時下農村からの膨大な労働人口流出の要因の一つであると考えられる。こうした意味で本節では戦時下総督府の肥料政策について検証して、農民の金肥使用の状況と肥料生産と消費の実状を明らかにしたい。このことによって戦時下農民の生活状況の一端を検証したい。

これまで朝鮮の肥料についての研究は戦時下には盛んに行われていたものの、一九四五年以降戦前の朝鮮における肥料施用研究は極めて少ないと考えられる。

2　朝鮮農民と肥料

朝鮮農民は伝統的に肥料を大切に、さまざまな方法で利用してきた。いくつかの肥料の利用事例を挙げておきたい。

(1)　朝鮮農民の間でもっとも大切にされていたのは人糞、人尿であった。人糞については排泄後にオンドルなどの灰にくるみ、竹べら等ですくい取り、便所の隅にまとめて置く。灰でくるむので肥料効果も高くなり、乾燥後、一定の量を貯めておき、後に作物の根の部分に入れ込んで肥料としていた。これを糞灰とよび利用していた。尿も大切にして客が用便をすることを喜んでいる(16)。

もう一つの方法はカメに用便をして一定量を貯めておきそこにオンドルから出た灰を混ぜて乾燥させて使用する場合があった。この方法は毎日オンドルで作られる灰を利用でき灰自身は燐酸カリ、石灰を含んでおり人糞をそれ自身として使用するより肥料としての効果が高くなったのである。

尿は女性の場合は壺（ヨガン）にまとめておき草木灰と混ぜて使用する場合が多かったと言われている。この人尿は灰と混ぜて、一定の量を貯めて乾燥後に田畑に撒いた。日本的な液肥として直接田畑に使う場合は朝鮮南部の全羅南道、慶尚南道の一部地域に限られていた。朝鮮の場合、液肥として使用する場合が少なかったのが特徴である(17)。

有名な大農場の一つである不二農場では便所は各農家で所有し、大きなカメを土中に埋め二枚の板を渡しており、多くは住宅から一定の距離に置かれていたと調査されており、これを肥料として利用していたものと思われる(18)。

こうした人糞の使用方法は長い間に朝鮮農民が作り出した合理的な肥料の作成方法であった。しかし、総督府は刊行した資料のなかで朝鮮農民の人糞尿の処理は肥料効果をなくすものとして日本式の肥溜めの設置などを奨励していたのである。農家で大量に出る灰についても糞土とせずに灰のみを一定量貯蔵し、人糞とは別に使用するように指導していたのである。三須の実験によれば糞灰土にするとアンモニア窒素が失われるから「糞灰の製造は直ちに中止すべきである」と主張している。(19)

この肥料は生産量も多く、農民にとっては灰にくるみ灰の効果で清潔であること、取り扱いやすいこと、臭気もしなくなること、冬の厳しさのなかで肥料が使えなくなる時期が長いが保存が利くこと、などから伝統的な利用方法になって、農民の自家用肥料のなかでは重要な役割を果たしていた。

(2) 牛糞などの家畜の糞も大切にされ、利用されていた。朝鮮農業に重要な役割を果たし、肥料の生産とも結びついていた牛は朝鮮全体で約一七〇万頭飼育され、堆肥生産には大きな比重を占めていた。牛については春から秋に草地に放牧していたがこのときには糞を回収し利用していた。総督府は牛舎での堆肥造りを奨励している。堆肥は牛舎等に敷いたわらなどが家畜の糞尿によって肥料化するものであり、肥料としてはもっとも土地に適合する栄養素を含むと言われている。堆肥は地温を高く維持できること、発芽を順調に出来ること、土中の微生物を増加させることなど効果が大きかったのである。朝鮮では牛の飼養が多く生産量も多くできる可能性があった。化学肥料が不足するようになると総督府は堆肥製造を奨励して生産量の増加を図ったのである。

(3) 一九三〇年代になると中国から導入される大豆粕が肥料用に導入されるようになった。中国産の安東粕(安東産)、奥地粕(中国東北地区)、大連粕等があった。形態で円粕、板粕、撒粕、粉粕などの四種類があった。安く移入され、使用されていたが戦時下には農民たちは食料が不足し、これを食用にしていたという証言が多い。

(4)　朝鮮では米が籾のまま売買されて主要都市には大型の精米工場が建てられて、米糠が大量に生産され、油をしぼった後の粕が肥料として使用された。家畜の肥料としても使われた。

(5)　魚肥も肥料として有力であったが、漁獲量によって左右されていた。鰮（いわし・鰯）は油をとった後の「しめかす」を肥料にしていたが、一九四二年には一九三六年を一〇〇とすると四〇パーセントの漁獲量にすぎず、油脂業の整理も始まっていたので、やはり乾鰯の利用も減少していたと考えられる。

(6)　肥料としては緑肥が有効であるが、栽培緑肥（田等にスミレ、レンゲなどを植えて肥料にする）、荳（まめ）科緑肥（栽培して肥料にする）、野生緑肥、などがある。戦期末になるに従って朝鮮農村では草刈り競争などが実施された。堆肥にしたり、緑肥として使用したりするために広範に実施された。田に撒かれたレンゲ（紫雲英）等の肥料としての効果が「朝鮮農会報」などに掲載されている。この場合も水稲栽培の肥料としてのレンゲの効果が報告されているのみであり、麦などの朝鮮民衆の食生活に関係する肥料については論じられることが少なかった。

(7)　この他にも胡麻をしぼった後の粉末、蓖麻子油（ひましゆ）などの植物性の肥料と蚕蛹（さんよう・蚕のかいこ）、牛の骨粉などの動物性の肥料も朝鮮農民の間では広く使用されていた。

朝鮮農民は身の回りに存在する肥料になるようなものはすべて有効に再生産用に利用していたのであり、

それは伝統的な農法のあり方を示していた。これらの肥料は米以外の作物にも使われ、重要であった麦作、野菜など朝鮮人の食に結びついて使用されていたのである。

例えば、犬の糞についても路傍に落ちている糞をちり取り（サンテギ）と専用の鍬で集め、これを自宅に持ち帰り、乾燥させて濡れないように籾俵（ソム）に保存して春に粉砕して苗代肥料にしていたという記録もある。[20]

総督府はこうした農民たちの伝統的な肥料造りから米生産のための肥料造りへと転換させることを肥料造りの基本政策としていたのである。

実際の肥料の使用も米生産のために使われるように指導されていた。朝鮮農民にとって重要な主食の一つであった麦に使用する肥料の状況と大半の肥料が米作に使われている状況を畑作地帯でもあった咸鏡北道での状態は次のように記されている。

「麦は肥料を施用することによって増収顕著な作物である。ところが同道の肥料施用量極めて微々たるもので其の大半は水稲に使用され畑の肥料と言えばほとんど言うに足らぬ少量の堆肥、牛糞と輪栽作物」ぐらいであるとして「かつて同道で調査した資料によると麦では施肥面積は作付け面積の五パーセントに過ぎず、反当たり金肥施用金額も七銭であった」と述べている。[21]

米作偏重の流れは肥料の施用にも影響して麦など朝鮮農民にとって必要な作物への肥料の使用を著しく妨げていたのである。

金肥肥料は米の生産にとっては重要な役割を果たしていた。

しかし、日本は日本国内の肥料生産を充足させるために朝鮮内に次々に肥料工場を設立した。一九三〇年に咸鏡南道興南に朝鮮窒素肥料株式会社を設立し、各種の化学肥料を製造していた。一九四〇年年には平安南道順川に朝鮮化学工業株式会社を設立し尿素石膏等を生産し、平安南道の鎮南浦に朝鮮日産化学株式会社が設立されている。これらの会社は肥料生産と同時に「大陸兵站基地」としての朝鮮の役割を持っており、もちろん軍事的な意味を持っていた。朝鮮における肥料使用は厳しく統制されていた。一九三七年年三月に朝鮮重要肥料業統制令、三八年一月に朝鮮臨時肥料配給統制令、三九年三月に朝鮮肥料販売価格取締規則などを公布して肥料行政を管理、統制していた。

3　アジア太平洋戦争の開始と肥料事情

朝鮮での肥料の統制は厳しく勝手に購入、販売できるものではなかった。道は使用する肥料量を報告し、総督府でこれに対して割当を行って道、郡、面まで詳細に割当を行っていた。割り当てし、配給量を決定するのは郡、面などの行政担当者であった。一応、中央肥料配給統制組合の下部組織や農会、金融組合、小売商組合を通じて配給したが、米の生産性の良い大農場や大地主に優先的に配布されたものと思われる。

統制を厳しくせざるを得なかったのは一九三九年前後から肥料が不足し始めていたからである。(22)

一九三九年の肥料事情の現状を総督府技師は次のように述べている。

「今年は昨年に比して内外地共に相当肥料の生産が減るわけであるが、その理由は、軍需方面に大分資材をとられるということと、外国に金を払うのを止める関係上外国から来る燐鉱石、加里肥料が減るためで、この結果肥料の配給が不円滑なるというわけで、一方で内地で四百万石、朝鮮で一二〇万石の米を増産しなければならぬということであるから肥料は減るが米は増産しなければならぬという非常に苦しい立場にあるわけであります。その上に可成り困るのは船不足と貨車の不足によって輸送がつかない、こういう点で二重、三重の苦しみに遭遇している訳であります。(23)」

すでにこの時点でも肥料不足が深刻化していた状況を読みとれるのであり、以降こうした状況は好転することはなかった。軍需産業に廻すために肥料事情は悪化し、統制を強化せざるを得なくなったのである。しかし肥料事情はさらに困難さを増すことになった。こうした統制もアジア太平洋戦争が開始されると日本は肥料の重要要素である過燐酸石灰、硫酸加里質肥料の全部をアメリカ、フランスなどの諸国から輸入していたがこれが全面的に輸入が途絶してしまったのである。日本国内では一九四二年燐酸肥料の麦類の所要量の八〇パーセント、稲その他の作物については所要量の三〇パーセントしか割当配給ができなくなったのである。日本は占領地となった南方の肥料などに期待していたが、クリスマス島やアンガウル島などから戦時労働動員朝鮮人(24)によって生産された原料が一部で輸入できたのみであった。これも一時的に可能となったのみで輸送手段が連合国軍の攻撃でなくなり、日本や朝鮮に送ることができなくなった。南方からの肥料は極めて短期間に移入されたにすぎなかった。一九四〇年一〇月に朝鮮燐鉱株式会社を設立して朝鮮での生産も準備されたが戦時下には有効な生産には至らなかった(25)。

一九四三年二月になると燐鉱石を採取していたアンガウル島などでは配船が途絶し、設備も空襲で破壊された。南方地域の肥料も配船が中止になり肥料事情は窮迫したものになっていた。海州、北大東島、ラサなども鉄道輸送事情など同様な側面を持っていた。肥料事情は極めて窮迫していた。

硫安についても日本国内生産がもっとも多かったが、朝鮮では一九四三年度に朝鮮で生産できたのは六月現在の日窒南工場は三九九、〇〇〇トンであった。四四年度の生産目標は四二〇、〇〇〇トンと見込まれていた。

こうした限られた肥料事情のなかで優先されたのは日本国内への肥料の配分であり、燐鉱石の場合大半が日本国内用に廻された(26)。

4　総督府の肥料政策

食糧事情の窮迫を背景にした食糧生産の要求によって肥料の合理的な統制・配給が必要であった。生産の減少、軍事転用などのために肥料事情は逼迫して、販売される化学肥料については強い統制が要求されたのである。このため日本国内、朝鮮、台湾を通じた一貫した統制体制が必要になった。戦時下の朝鮮では強い統制機構のなかで肥料が配給されていた（第19表）。

具体的には道は道内の月別、作物別、配給者別（農会、金融組合、肥料業者）の需要見込みを総督府に

第19表　朝鮮における肥料統制機構　1943年末現在

輸移入肥料	朝鮮中央肥料配給統制組合	地方肥料配給統制組合	小売商組合 大農場	消費者
朝鮮産肥料		農会 金融組合	消費者 消費者	

＊ 1944年1月19日付け「肥料配給機構の整備強化に関する件」『肥料取引関係雑件　朝鮮及台湾に於ける肥料配給機構整備関係』1943－20年　外務省外交資料館蔵から作成。

提出し、総督府は数量を決定して道に割り当てを行っていた。道は割り当てられた肥料を郡別に、郡は面別に、面は里洞別に配給割当を行っていた。以上のような配給の体制は組織的には整理されていたものの、実質的には別の優先順位があったと考えられる。これは米生産優先政策が存在し、そのために肥料を配給するという立場であった。朝鮮南部水利安全田、水利組合が完備している地域に優先配布されたと考えられる。朝鮮の米作農地面積の半分を占めていた天水田（天候に頼る水利施設のない田）には肥料はほとんど配給されていなかったと考えられる。

しかし、金肥肥料は戦時下に絶対量が不足して配給量が極端に不足していた。

肥料不足が深刻になった戦争末期の朝鮮総督府の肥料政策で重要なことは肥料の大半は米の生産に向けられて、畑地での農民にとって必要な麦、粟、豆などの生産には工場で生産されるような化学肥料がほとんど使用されなかったことである。水稲用の肥料については各道農事試験場で試験が実施されて多くの研究成果が発表されているが、畑作物については極めて少ないことにも示されている。(27)

この肥料不足を補充し、米の生産を維持するという課題に答えるには、自給肥料の生産が最大の課題になった。特に一九四三年以降は総督府による自給肥料の生産奨励が盛んになったのである。

5　自給肥料の生産

戦争の拡大が続くなかで自給肥料の果たす役割が一層大きくならざるを得なかった。一つは燐、硝石など肥料と関係の深い鉱物は軍需用にも必要な物資であり、必需品として大量に消費され、肥料には廻らなくなっていたのである。もう一つはアジア太平洋戦争の開始はそれまで欧米などに頼っていた肥料の輸入が途絶し、肥料が極端に不足することとなっていた。占領地である青島や南洋諸島からの肥料輸送も連合国軍の反攻によって船腹が不足して日本などには輸送できなくなったのである。朝鮮は肥料自給を中心とした肥料対策を建てざるを得なくなっていたのである。また、朝鮮内大工場で生産された肥料は日本国内に送られていた。朝鮮内で生産される燐鉱石は慶尚北道清道郡雲門面、平安北道龍川郡府羅面など多くの燐鉱石が埋蔵されていたが十分に開発・利用されることはなかった。

一九四二年アジア太平洋戦争が開始されてまだ間がない時期でも自給肥料の必要性が強調されていた。忠清北道では同年九月二九日農事懇談会が開催されたが、自然災害に対応するための肥料難克服に関する件が協議事項として取り上げられ、次のように言われている。

「戦時下各種農作物を増産確保することは絶対必要であります。その重要生産資材たる販売肥料は供給必ずしも充分とは言い難い状態にあり道においては肥料難克服のため昨年より自給肥料増産第一次計画を樹立し、実施中」としている。具体的には堆肥、緑肥、液肥、灰肥、その他に分けて計画を指示している。[28]

他道でも同様な計画や自給肥料の生産奨励が行われ、さまざまな自給肥料奨励策が展開されている。その後も草刈り大会などが開催されている。[29]

しかし、もっとも力点を置かれた肥料生産奨励は水田用の紫雲英（レンゲの漢字名）、低温にも耐えるヘマリベッチなど稲作用の肥料がさまざまに試験検討されているのである。ここでも麦、粟など朝鮮人が主に食用にしているような作物に対する肥料ではなく、米の増産のための自給食糧の確保が主に検討されているのである。実際にも稲作用の緑肥がさまざまに実施されている。自給肥料の研究も稲作用に重点が置かれているのである。

6　肥料生産の減少要因

戦時末期には肥料不足が深刻になったが自給肥料の生産も含めて生産が減少していった。いくつかの理由を挙げておこう。

(1) 肥料の軍事転用

肥料は軍事転用が比較的に簡単であるとされているが、肥料生産を中止しても兵器生産へ転用としたのである。一九四四年九月海軍次官からの要望があり、日本窒素肥料株式会社興南アンモニア工場電解室の一部を「特殊兵器燃料」製造のため利用するということになった。これによって硫安が年、約五万トンが減産することとなった(30)。

戦時下には肥料生産に優先して火薬などの軍需生産に工場が動員されていた実態が存在して肥料生産の減少は避けられなかったのである。

（２）労働力不足と自給肥料生産

自給肥料の生産が課題とされたが実際には大きな問題がいくつか存在した。その一つは農村労働力の不足であった。一九四三年以降は労働動員が拡大し、朝鮮道内、道外と日本や南洋を含めて動員数は拡大していたのである。農業労働者の確保のために朝鮮総督府は労働動員の対象にならない農業要員を全朝鮮の各里で指定して確保しているような状況であった。継続的な草刈りなど自給肥料製造に必要な新たな労働力の確保は困難であったと言えよう。さらに、朝鮮農村の場合は里で草刈り場（日本の秣場）のような共有地の存在はなく、牛などの食用に使われる草地は存在したが、自給生産に必要な草地の確保が難しかったことを挙げられよう。また、朝鮮農民にとっては自給肥料の生産は伝統的に行われていた方法以外ではなじみが少なく、肥料が不足したからと言って、直ちに取り組めるわけではなかったと考えられる。化学肥料の施用は施用時期、量などが適切に行わなければ効果を挙げることが出来ないために、農業技術を持った農民が必要であったがそうした人々も農村から大量に流出していたのである。朝鮮での肥料需給はますます困難になっていったのである。

こうした肥料の物理的な不足要因と同時に農業のあり方、小作制度などにも肥料の有効利用を規制する要因があった。

7 小作制度と肥料

朝鮮では小作農地と小作農の関係は日本ほど濃密ではなく、有利な小作農地があれば移動するのが一般的であったが、この慣行は肥料の施肥にも影響していた。また、日本でも多かったが一人の小作人が多くの地主の土地を借りて耕作する多頭地主の場合もあった。こうした地主小作関係から「小作人の側からいえば小作料の高率なことから肥料の施用も馬鹿らしくなり、最低限度で止めるとか、あるいはその年の内に効く速効性の肥料だけを施用し、堆肥のような地力維持上不可欠な肥料は施さぬといった風になる」「地主側からいえば肥料を出してやっても、果たして自分の田畑に入れるかどうか不安であるというので肥料も資金も出さない」(31)と指摘している。小作農側は生産をしても大半が小作料として収奪されているため苦労して堆肥などの肥料を施用することに抵抗を感じていたのである。まして金肥を購入して行うなどは負担を大きくするのみで自身の生活改善には結びつかなかったために使用はしなかったと考えられる。

また、小作制度が安定的に運営されていた大農場では水利設備もあり、肥料が配布され、その代金は小作料から徴収できたので一定程度の肥料は使用されることとなった。

自作農、自小作農の場合も高額になる金肥を購入して生産を拡大させることが困難であること、供出体制の強化のなかで自家消費米まで供出させられることもあり、生産拡大のための肥料を使う意欲を失っていたこと、一九四二年度からは供出規制が厳しくなり、農民の生産した米などが自由に処分できなくなり肥料を投入しても利益を上げられなかったこと、などの要因によって小作農を含めた広範な農民が金肥を積極的に利用する農民側の条件が整っていなかったのである。朝鮮農民は米を除いた作物については伝統的な糞土や堆肥など自家製の肥料を利用して生産活動を行うのが一般的な戦時下の農法であった。「近代的」な農法としての化学肥料の使用は米作地や大農場の小作人以外には普及していなかったと考えられる。

8　販売肥料不足の農業生産への影響

朝鮮総督府支配下の朝鮮で肥料不足が農業に与えた状況を確認できる最後の年になった一九四三～四四年について見てみよう。四三年度末の四四年二月の肥料状況について朝鮮総督府塩田農商局長は「朝鮮に於ける本年度各種販売肥料の消費可能数量を総合いたしますと窒素分約八万トン燐酸約一万二千トンとなり、前年に比し窒素に於いて二割、燐酸に於いて一割の減少となるものでありますがこの極度に圧縮された燐酸肥料の中出来うる限りの数量を現在播付の麦作に配給することに決定いたしました。残余の燐酸は苗代用、水稲燐酸欠乏地帯、雑穀、綿等に施用せしめる方針であります。要するに主要食糧を中心としました各作物の増産計画に相応する所要肥料及分量は右の数量にては相当不足するのでありまして」として、金肥不足を補うのは自給肥料の生産が唯一の方法であると訓示しているのである。[32]

自家生産の堆肥等を除いた肥料事情は深刻になり、販売されている肥料は極端に少なくなっていた。その後夏に至って凶作が明らかになりつつあるなかで、旱害、冷害などの気象条件、病虫害などの減産要因を挙げた後に販売肥料の一九四四年八月前後の稲作肥料の減少について総督府は「販売肥料施用量の減少水稲に対する本年の肥料施用量は窒素に於いて大体四万三千トンにして昨年の五万二千トンに比し約二割の九千トン減少し、燐酸は四千トンにして昨年の一万七千トンに比し其の約四分の一に過ぎざる状況なり、依って之が配給に当りては水利安全水田等に重点配給を為して肥料の施用効果を最大限に発揮せしめることと致したるも絶対量の減少は水稲の生育に影響する処少からざるものありと認めらる」[33]と、化学肥料の大幅な減少による減収が避けられないことを指摘している。同時にこの資料では水利安全水田に優先配布している実状が示されており、大農場を中心とする水利が保障されている水田に配布され、朝鮮人自作農や小規模経営の小作農などには化学肥料は全く配給されなくなっていたものと考えられることが重要な点である。自作農や自小作農、小作農の階層には配給はおぼつかない実態が存在したと考えられる。まして天水田には全く化学肥料は使用されなかったと考えられる。

朝鮮総督府はこの年の肥料配給量の実状を反当にして肥料の減少を年次別数字を挙げて次のように具体的に影響を指摘している。ただし大凶作年である四二年度については記録されていない。

	一九四〇年度	四一年度	四三年度	四四年度
反当　窒素	一、〇三四匁	一、〇一五匁	九一四匁	六七四匁
反当　燐酸	三五七	三四五	一〇九	四九

また「販売肥料施用量は輓近逐次減少を来しつつあるが殊に本年産米にありては燐酸質肥料（総量差三、〇〇〇瓲）は全部之を施用する能はざりしが無燐酸栽培が有力なる誘引となり出穂期の遅延を招来せるが延ひて出来秋に於ける異常天候に支配されたるは洵に遺憾とするところなり」と注記している。[34]

こうした実態から、この時期の朝鮮は深刻な肥料不足に陥っていたと断言できよう。これから脱却するために総督府は自給肥料の生産を奨励することと同時に稲作品種を変更することを余儀なくされていたのである。

9　肥料不足と稲作品種変更

朝鮮における米の生産は基本的には日本の品種を移入する形で実施されていた。米の生産を上げるためにさまざまな品種が導入されていたが基本的には多くの肥料を使い、収穫率の高い品種が選ばれて栽培され、品質を向上させ商品としての価値を高めるために同一品種を栽培していた。しかし、肥料の絶対的不足するなかで品種そのものの選択にも一定の変更を迫ることとなっていた。

この変更は一九四四年に発表された「朝鮮農業計画要綱」に示されている。このなかの「朝鮮農業計画実施要目」第三項「農林畜産物の総合生産」には、第一に「米穀」生産に関する内容が取り上げられている。このなかに第二の課題として耕種改善が設定されており（イ）「品種の選定」として次のように肥料の多少が稲作に大きな影響を与えていること、このために品種を変更する必要があることなどを指摘している。

「従来朝鮮に於いて奨励されたる品種は商品的価値を考慮し、多肥多収性にして且つ同一銘柄のものを大量に生産集荷することに重点を置き選定せられたるもの多かりしも、現下金肥の供給状況に鑑み、地方的には自給食糧の生産状況を勘案小肥多収且耐病性強き品種を選定、奨励すると共に跡作関係、労務調整及び災害等を考慮し、早中晩品を種組み合わせることに留意し量的確保に眼目を置くものとす」としている。

地方の実状によっては小肥多収かつ耐病性の高い品種とすることを奨励し、多肥多収性の品種からの変更を示唆しているのである。肥料が確保できる大農場、水利安全田などの条件が揃っているところでは多肥多収品種を維持し、五〇パーセントを占めた天水田では天候に左右されること、肥料を確保できないことなどのために小肥多収の品種に変更するとしたものであると考えられる。米の収穫量の減少は避けられず、それまでの増産のみの品種にこだわってきた政策の転換であった。同時にこれは肥料の不足が深刻になり、さらに不足が進行することを予測した方針転換であった。

品種の変更をしたとしても、収穫量の減少は避けることは出来ず、米の収量の不安定さが増加するという意味を持っていた。この品種変更は米の減産ということにとどまらず、農業政策の変更とも結びついている重要な側面を示している。

10　品種変更を意味するもの

稲作品種の変更はそれぞれの品種にあった農法が存在し、新品種の経験や稲の病害対策なども考慮することなど農政上は重要な意味を持っていた。また、種籾の確保や栽培法など多年の朝鮮における成果を放棄することであり問題も多かったのである。品種変更は日本から導入されたもっとも優秀とされた多肥多収の稲作品種を放棄して小肥多収の品種にするという方針は肥料の減少からもたらされたものとは言え、それまでの稲作農業の基本を変えることにつながることでもあった。これは後にみる水稲畦立栽培法の採用などに見られるような戦争末期の重要な農業政策の一つの転換方針であったと位置づけられるのである。

この要綱が作成されたのは一九四四年末ですでに三年連続の凶作が明白になった後で、一九四五年度にこの変更がどの程度実施されかについての資料は発見されていない。しかし、この時期に行われた旱害常水田から畑への転換、水稲畦立栽培法への転換と同様な意味を持っており、朝鮮農政全体の転換の一つとして位置づけなければならない。

しかし、多肥多収品種から小肥多収品種への転換は簡単に出来るものではなく、種籾の確保や生育法の違いなど技術的に克服しなければならない課題も多く、小規模な場合を除けば一九四五年度の実際の植え付けまでには実現しなかったのではないかと思われる。それも日本国内での多肥多収品種の導入ではなく、経験のある、一部で栽培されていた朝鮮の気候にあう朝鮮の在来品種が採用されなければ実現しなかったと考えられる。

なお、本書巻末に肥料供給関係年表を付した。参照いただければと思う。

第四節　朝鮮農民の農具不足と所有農具

1　農業と農具

戦時末期の朝鮮農村の農機具不足が深刻であったことは総督府農事試験場西鮮支場長の高橋昇が度々指摘しているように極めて深刻であった。彼は増産のために深耕を行うべきであるという主張をしていたが、このための犁先すら確保が困難であった。朝鮮における一九四二年から始まった三年連続の凶作は肥料不足に加えて農機具の不足もその要因として存在していたと考えられる。農機具がなければ生産が維持できないばかりではなく、生産量が落ち込むことが明白である。ここでは朝鮮における農機具生産と農具不足状況について述べておきたい。朝鮮の農具自体については多くの論考があり、その使用方法などについても研究が存在する。[35] しかしながらここで取り上げようとするこの時期の農具の不足状況や農具生産に関する刊行物は少ない。朝鮮における農具については飯沼二郎の研究[36]や岡部桂史[37]などがあるが、農具不足と農業生産に関する視点からの研究は十分ではない。

ここでは農具生産状況と農具不足のなかでの戦時下の農具統制、農具の所有状況などを検証し、三年連続の凶作との間接的な影響などについて見ておきたい。

同時に農具が不足するなかで小作農民がどのような農具をどの程度所有し、使用していたかについての検証を試みたい。

2　朝鮮の農具と農具生産

朝鮮では朝鮮の土質や気候条件にあった独自の形態をした農具が作られ、農業が維持されていた。代表的な朝鮮農具は主に牛に引かせる犁と除草・中耕に使われるホミ（図参照）、鎌を中心に使用されていた。例えば比較的に硬い朝鮮の土質農地の耕作には牛を使用した耕作が合理的で犁が多く使われていた。これらの農具のすべては先端部は鉄製であり、この他にも石油発動機、籾摺り機、脱穀機など、どの農機具にも鉄製品が使用されていた。こうした農具生産は伝統的には鍛冶職人によって支えられてきたが、米の生産に重点を置くなかで工場で農具が大量に生産され、それが日本から移入されるようになっていた。戦時下朝鮮の農具は朝鮮の作物と土質にあった在来型の農具と日本から導入された改良農具でなり立っていたと言えよう。

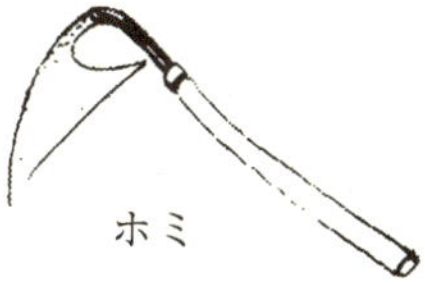

朝鮮農民が良く使う農具の一つ。形態は地域によって違い、種類も多い。
イフンジョン『民俗生活語辞典』ハンギル社　1992年　345頁から

特に朝鮮での米中心の農業生産が続くなかで日本の米生産用の農具が採

第20表　代表的な朝鮮産農具と日本産農具の需要農具製造計画

（1944年度）

	総数	朝鮮産	日本産
動力脱穀機	1,500	—	1,500
人力脱穀機	55,000	20,000	35,000
揚水機	500	—	500
精米機	500	400	100
製縄機	55,000	21,000	34,000
鍬	350,000	200,000	150,000
人力除草機	230,000	90,000	140,000
犁	60,000	45,000	15,000
犁先	500,000	350,000	150,000
鎌	1,800,000	400,000	1,400,000
ホミ	80.000	40,000	40,000

＊　1942～43年「帝国農業政策並法規関係雑件―外地に於ける農機具需要関係」外務省外交資料館蔵から作成した。

＊　原資料にはさらに多くの農具生産状況が挙げられているが生産量の多い用具を中心にした。

＊　ホミは朝鮮独自の農具、形態はさまざまであるが除草、整地など広く使われていた。

＊　なお、この1944年度の数字は鉄、鋼材不足から農具生産も減少していた時期の数量である。

用され、また、植民者としての日本人農民も日本産農具を中心に利用したと考えられる。総督府農林局編纂の『朝鮮の農業』一九四一年版では主要農具とされているのは石油発動機、揚水機、改良犁、脱穀機、籾摺機、精米器、製筵機など米の生産用具についての統計（第24表）で占められている。

この農機具の生産の多くは日本国内の企業によって生産された農具が朝鮮に移出されて使用されていた。特に大農場の米作の場合は多くが日本産の農具が使用されていたと考えられる。第20表に見られるように在来農具的な用具は朝鮮産の製造計画が多かったが、動力脱穀機に見られるように動力を用いた農具などは日本産が多かったのである。日本からの移出量は一九四一年度4／四半期（一～三月）のみの「内地産」移入農具割当表によれば各種農具総計で五七三、七九二農具に達する。量的に多いのは鎌で三社で四六九、九六五本に達する。重要な農具である鍬が四社で二〇、七九三本、犁と犁先で二〇、六五二犁となっている。発動機、動力を使った農具も多くの会社が移出している。(38) この移出会社は大半が関西、九州地区の企業である。

第20表は一部農具に過ぎないが一九四四年度の日本産と朝鮮産を比較したものである。この需要農具製造計画の総計では日本産が二、二五四、九二〇農具、朝鮮産が一、二六六、六〇〇農具となり、ほぼ三分の二弱の農具を日本国内産によって維持していた。これは農具用の鉄材などが不足してきてからの数字で、これ以前はさらに日本産の比重が高かった。石油発動機・重油発動機等の動力で動く機械は大半が日本国内産であった。しかし、鎌などの大量に生産できる物を除けば在来農具である犁や鍬などは朝鮮産が多く、朝鮮の農具会社や在来型の鍛冶職人などによって支えられていたと考えられる。農具生産でも日本国内資本による進出が進み、農具の生産も日本国内に依拠しなければならない状況がこの時期にも継続していたと言えよう。なお、朝鮮に存在した農具会社の多くも経営は日本資本と日本人であったと考えられる。また、日本産の農具が多いということは日本産の農具がなければ朝鮮農業は壊滅的な打撃を受ける結果となることを示唆している。

深刻な鉄不足のなかで実際に第20表の計画通りに農具が生産され、朝鮮内で、あるいは日本から朝鮮へ移出されていたとは極めて考えにくい。また、農具に使用する鉄の量も割り当てられているがその通りに供給されたとは思われない。判る範囲での一九四四年度の移出実数は人力脱穀機二五七台、動力脱穀機七二〇台、精米機五〇台という実績になっており、計画の半数あるいは人力脱穀機のように極端に少なくなっている。(39)

また、農家の支出のなかで農具に掛かる費用は大きく、経営規模の違いがあるが一九三九年度の事例では農具支出は肥料に次いで大きな比重を占めていた。(40) もちろん、自作農や小作農によって違いがあり、農具を持たない小作人も多く、一概には言えないが農具は農業経営にとって重要な意味を持っていた。農具は朝鮮農業にとっても重要な意味を持っており、農業生産と深く係わっていたのである。戦時下にこの農具が不足するという事態になったが、主に農具のもっとも重要な鉄、鋼材が不足していたのである。

この不足状況はすでに一九四〇年頃から深刻化しており、この状況は朝鮮総督府農林局が編集した『朝鮮の農業』一九四一年版で次のように指摘している。

「近時農機具製作用資材の窮屈化に伴い鮮内需要に対し供給の不足を招来せんとする情勢にあるので本府（朝鮮総督府：筆者注）に於いては之が対策として物動計画に所要資材を要求し其の獲得により本府の指定せる内鮮の農機具製造会社をして政策供給させ鮮内需要を確保する」としている。しかし、その後も鉄・鋼材不足は深刻になるばかりで犁先などの基本的な農具すら不足するようになり、統制は一層強化されていく。

第21表　朝鮮各地の農具商在庫状況 1943年10月調査

地域（調査者）	仕入れ・在庫状況
京城（新龍山金融組合）	普通農家に使用される農具は比較的に順調なるものの発動機類は仕入れなし 在庫は季節的に仕入れるため在庫品少なし
釜山（釜山第二金融組合）	前年同様当地に於いては鉄材配給不円滑なるため、内地より移入する状況にして仕入れ困難なり 在庫品なく今後の配給品により営業する外なし
大邱（大邱西武金融組合）	鉄材使用制限により製造元に於ける生産減少のため仕入れ順調ならず　時局下食糧増産の緊急化に伴い堆肥増産並びに麦作増産に必要なる鎌、鍬、鋤等の主要農具は配給順調にして前年の３倍に相当する配給あり 品種により在庫品増加せるものあるも一般に在庫品減少す
平壌（平壌南金融組合）	前年に比し生産原価は半減せられ且つ需要は倍加せられるも材料鉄類の入荷減少により品薄
新義州（新義州金融組合）	生産制限は内地よりの移入減に依り仕入れ困難約２割減の見込み 在庫品なく配給に依り漸く営業持続す
咸鏡北道（同支部調査）	仕入れ６割減なり 営業維持は５、６月の見込みなり

＊　朝鮮金融組合連合会『第６次時局下中小商工業社実状調査書』1943年12月同会刊。

＊　咸鏡北道の場合は「金物及び農具商」を対象にしている。

一九四三年一〇月現在の朝鮮内の都市農具商たちの仕入れ、在庫などの状況は第21表に示した通りである。大半の地域で仕入れが困難であり、在庫状況も悪化していると言えるのが現状であった。また、販売についても統制下に道農会の指示に依るとする地域もあり、農民が自由に農具を購入できるわけではなかったのである。

3 農機具統制下の朝鮮

朝鮮での農具生産は規模も大きくなく、農機具の主な原料の鉄、鋼鉄などの生産は日本国内で行われていた。このため鉄、鋼鉄の統制が早くから実施されていたこともあり、日本国内で一九四〇年頃から統制が強化されると同時に、朝鮮でも一九三九年には朝鮮農機具統制組合が設立されている。日本国内を中心にした朝鮮・台湾を含む農具統制が開始されたのである。こうした経過をふまえてアジア太平洋戦争が開始されると農機具販売の一元化政策が展開され、農具に廻す鉄鋼などがいちじるしく不足するようになった。農機具に対する更なる統制の強化が必要になり製造工場に対する整理が進行するようになった。また、農機具の配給が開始されていたが必ずしも完全には行われてはいなかった。実際には農機具末端配給機構は未整備状態であった。

これを一九四三年四月に朝鮮金融組合連合会が調査した報告書によって見れば、朝鮮内の代表的な農業地帯を有すると考えられる各道一〇組合前後の地域では「特定の配給機構を有する地方は調査組合数の三九・七％、四八組合区域であり、配給機構不特定の地方は配給機関特定せる地方に比すれば遥かに多く六〇・三％、七三区域に達している。……以上によれば農機具の末端配給機構はまだ低度なる段階にあることが推測される」(41)としている。大半が従来通り商業者が販売しているのが実状であって、統制機構はほとんど機能していなかったと考えられる。この段階になっても農機具統制は浸透していなかったのである。この調査報告では配給手続きを含めて「農機具に於ける配給統制は全く初期の段階に漸く達しかけているに過ぎないと断定して差支へないものである」と指摘しているほどである。

なお、朝鮮金融組合が農機具の販売すべてに係わっているところは少なく、郡・面が関与しているところが多かった。金融組合は資金の融通で関係している場合がある。統一的に統制されておらずバラバラに各地区で配給方法も違っていた。統制はこうした面でも貫徹していなかった。

こうした配給の実態があり、農機具不足が加速するようになると一九四四年七月一一日、朝鮮総督府は告示九八四号を以て朝鮮農具統制会社を設立することを命じている。この告示は比較的に農具生産で有力であった朝鮮における一二社を対象にしていた。この統制会社の設立期限は同年九月三〇日とされていたがこの期限は延期され、何らかの理由で一一月三〇日までに設立期限が延期された。

その後の一九四五年になってからは日本からの農機具材料と農機具製品の移出は輸送事情などからほとんど途絶していたと考えられ、朝鮮内の農機具事情は逼迫したものとなり、実質的には在来鍛冶職人たちによる再生産によって農機具が維持されていたと考えられる。ただし、在来農具鍛冶職人たちは工場制作

第22表　朝鮮農機具統制関係年表

1938年12月	農林省「農機具用鉄鋼配給統制要綱」を制定
1939年4月21日	朝鮮総督府　内地産移入農機具用鉄鋼配給統制要綱、朝鮮産農機具用鉄鋼配給統制要綱、農機具販売配給統制要綱を関係機関に通知。その後、配給・販売は朝鮮農機具販売配給統制組合によって行われることとなる。これを構成するのは朝鮮の農機具製造会社、「内地」業者とその代理店・支店と決定された。
1940年5月8日	日本国内で農機具配給株式会社設立
1940年7月	朝鮮総督府令178号、鉄鋼需給統制規則を公布
1940年11月	農機具配給統制規則
1940年12月21日	農林省臨時農林対策部長名で農機具配給統制に関する指示が出される。
1940年12月24日	朝鮮・台湾に対する農機具の配給について拓務省が、配給に関する要綱を決定通達
1942年4月1日	朝鮮総督府、物資統制令に基づく鉄鋼統制を行うため、朝鮮総督府令115号で鉄鋼統制規則を施行する。
1942年9月10日	内外地農機具配給に関する協定書に基づく覚書を決定
1942年9月26日	農林省、内外地農機具販売の一元化のための要綱を作成、実施
1943年4月1日	朝鮮金融組合連合会が農機具の末端配給状況に関する調査を実施
1943年10月26日	政府「農機具緊急対策に関する件」を閣議決定
1943年11月8日	日本国内農機具統制株式会社設立
1943年12月8日	外地（朝鮮・台湾を含む）農機具統制株式会社を設立
1944年2月4日	朝鮮総督府農商局長「農機具製造工場整備・強化に関する件」を内務省に発信
1944年7月11日	朝鮮総督府告示984号で朝鮮農具製造会社に統制会社の設立を命じる。この告示で指示された設立期限は延期され実質的な設立期限は11月30日となったが設立と運営についての資料は発見されていない。

＊　1942～43年『帝国農業政策並法規関係雑件　外地に於ける農機具需要関係』外務省外交資料館蔵、及び『朝鮮農会報』・『朝鮮総督府官報』各号などから作成した。

農具製品の登場で減少し続けており、(42) 鉄不足からくる農具職人の減少も存在したと考えられる。

農機具不足に加えて石油・重油を使用する農業用発動機なども実質的には農機具としては利用出来なくなっていたと想定され、農機具不足に拍車をかける状況になっていた。こうした事情から農機具生産の減少は農業生産、特に米の生産に直接影響を与えるようになっていたと言えよう。第22表として朝鮮における農機具統制関係年表をあげておきたい。

こうした統制を実施し、また、朝鮮でも金属供出・回収は広く強制的に行っていたものの、大半が軍事用に廻され、農具用配給には使用されなかった。一九四四年からは極端に農具供給が出来なくなっていた。農機具製造量は減少し、農具の不足が深刻化していたが部分的には日本からの移入も存在し、かつ朝鮮での生産も維持されていた。問題はこうした農具がどのように配給され、小作農まで行き渡っていたのかどうか、という実態を解明することにある。また、農具自体を農民の大半を占めていた小作農がどの程度、自身で所持していたのかという点も重要である。

4　農具の配給と小作農民

農具の配給については前掲金融組合の調査によれば「配給量の不足する地方は五七・〇％、六九組合区域、不足せずとするのは四三・〇％、五二組合地区である」としている。しかし、これは配給量の査定にも問題があり、配給数量の基準が明確でないために確定せず、統制が微弱で農機具の不足それ自体が問題とされている。「農具の不足が著しく、一方労力・金肥の著しく減退しつつある今日、其の（農具配給制度―筆者）改善は真に刻下の急務であると言うべきであろう」と指摘している。

さらに、こうした配給統制が問題なく行われていたのではなく、重要な側面についても調査報告書では次のようにふれている。

「一方、配給については必ずしも公正に行われていない場合が少なくない。例えばこの点を指摘しているものに忠北一、全北一、黄海一、平南の各地方があり、この地方に於いては情実・横流しがあるものの如く、それも貧農・地域による場合が多い如くである。この問題に関連して全北の一地方に於いて現配給が現金決済主義なるために貧農が農機具購入に困惑していることを指摘していることは附記に価しよう。」としている。こうした官製の報告書では不正について指摘する場合や貧農についての記述は極めて少ないが、ここで指摘されているような事態は報告されないまでも外の道でも存在していたと考えられる。報告では公正に行われている、と回答していても指摘されているように、農機具配給が小作農民等に不利な状態にあったのは肥料などと同様な側面があったと思われる。小作農民等に農機具が入手しにくくなったいくつかの条件について取り上げておこう。

1　米作優先政策のための農具生産が中心になり、農民にとって必要な畑作用の農具生産自体が不足していたこと。

2　農具は米生産を主とする大地主、農場などに配給され、そこで働く小作者などには直接購入の機会

3　小作農経営から見ると供出米の天引き預金、税額の上昇、物価上昇などの戦時下特有の経済状態から農機具価格も上昇し、農機具購入に廻すような余裕が少なくなっていたこと。

4　小作農民にとっては現金決済主義になっていることから農具購入に必要な現金の所持と余裕は少なかったこと。

5　小作農民の内、一町歩以下の者の場合は農具一式を揃って所持できる者は少なく、小作地自体の移動も多かったために農具を持たず、地主から貸与されている農民も多かったと考えられる。

米作りと大地主に対する優先政策のなかで小作農民の多くは必需品たる農機具の新たな入手は困難になっていたと言えよう。新品の農具は配給体制下になってもほとんど小作農民は入手出来なかったと考えられる。犂、鍬、鎌などの在来農具再生産によって戦時下の農業生産は支えられていたのである。農具の深刻な不足は米の生産減少のみではなく、農業生産に見切りを付けたり、農機具を持たないことが賃労働に移動する動機の一つにもなっていたと考えられる。

さらに重要なこととして農民の大半を占めた小作農民はどの程度農具を所有していたのか、という問題がある。

第23表　達里の農業経営状態と農具の所有

	地主	自作農	自小作農	小作農	農業労働者	計
戸数	4	7	42	51	23	127
割合	3.1%	5.5%	33.1	40.2	18.1	100%
農具数	13(8)	4(2)	90(39)	45(11)	なし	152

＊　前掲『朝鮮の農村衛生』16頁、第3表から作成。
＊　農具数の(　)内は改良農具数。

5　小作農民の農具所有率

ここでは小作農民、特に経営規模の小さい小作農民がどの程度の農具を所持していたかについて検討したい。戦時下の農具所有率を調査した資料は発見されていないが、自作、自小作、小作農の農具所有率について述べておきたい。

慶尚南道蔚山邑達里は朝鮮のなかでは比較的に恵まれた農村であるが、この一九三六年に行われた達里調査をまとめた『朝鮮の農村衛生』(43)によって農民の農具所有状態について見ておこう。達里の戸数・農業経営形態と農具の所有は第23表の通りである。

自小作農を含めた小作農家・農業労働者は約九〇パーセントになり、小作農・農業労働者戸数の多さを示している。農具を全く持たなかったと考えられる農業労働者は全戸数の一八パーセントに達している。したがって第23表の農業労働者の農具所有はなしとなっている。

これを具体的に見ると改良農具を持っているのは地主を除けば約二戸に一戸であり、自作農、自小作農、小作農の総計一〇〇戸に対して約半分の農民しか改良農具を持っていない計算になる。在来農具は一戸に一個弱の割である。この調査では、さまざまな改良農具を、あるいは在来農具の内で一種類の農具を持っているにすぎない。改良農具の内、耕作用の犂、除草機、稲扱機など各種があるがその内、一種類しか所有していないのである。

なお、この調査では農具の対象には鍬、鎌、ホミなどは含まれていない。改良犂など生産性を上げられる日本から導入された米作用具に関する比較的大型用具に限られている調査である。水田用改良農具とは改良犂、除草機、風箕、稲扱機（足踏み）、リヤカー、製筵機などと規定し、在来農具とは在来鋤、牛車、在来式稲取扱器と規定して調査されている。

これを経営形態別に見た自作、自小作、小作の農具使用状況調査によれば以下のような状態であった。

▽自作農

自作農と言っても七戸の経営面積は平均、田と畑で五反九畝という零細農である。「その農具は一戸当たり〇・五四個となっているが、しかし実際には一戸を除き外の六戸は全然所有していない。」としている。「わずかの鎌、ホミや鍬を持って耕作している」のでは、と述べ犂を使う畜耕は一戸以外にはない、としている。

▽自小作農

四二戸の自小作農の内「一戸当たり平均に於いて農具は改良農具が約一個、在来農具が一個余計二個である。畜耕は二戸に一頭の割で所有」しているとされている。一戸当たりの耕作面積は一町〇反八畝となっている。

▽小作農

戸数五一戸で総戸数に対してもっとも比率が高い階層である。「農具は改良農具が〇・二一個、在来農具が〇・六五個計〇・八六個で一戸あたり一個にみたず、しかも、小作農の六割は全く農具と言えるようなものを有していない」と記録されている。畜耕は五戸に一個の割、換言すれば小作農の八割は畜耕を有していない」としている。「彼等は必要な時には牛と犂を一緒に借りてくるのである」としている。

自作、自小作、小作別には以上のようなことが言えるが、同上調査報告のなかでは農民を収支によって上層・中層・下層に分けて分析している。この階層別の農具所有状況は、

▽上層（自作農一戸・自小作農五戸　計六戸、総戸数の四・九パーセント）

改良農具総数二三個　在来農具総数五個　「一戸当たり改良農具が三・八個、在来農具〇・八個計四・六個を有し、改良農具の使用率は八割弱」に達するとされている。この階層では農機具はほぼ揃っていたと考えられる。達里のわずかに六戸にしかすぎない。改良農具化が進んでいた。

▽中層（自作農四戸・自小作二二戸・小作農一一戸　計三七戸、総戸数の三〇・八パーセント）

改良農具総数二三個、在来農具総数五〇、合計七三　「一戸当たりの改良農具が〇・六個、在来農具一・四個、計二・〇個を有している。」米作に必要な農具を一部所有し、農具によっては不足していたと思われる。耕畜は〇・五頭、この階層の半数である。

▽下層（自作農二戸・自小作農一五戸・小作農四〇戸　計五七戸　総戸数の四四・九パーセント）

改良農具総数六個、在来農具一八個、合わせて総数二四個　一戸当たり〇・四個である。この階層の五八パーセントが在来農具と改良農具のすべての農具を持っていなかったのである。耕畜を有する農家は総数の一割にしかすぎない。この階層では在来農具の比重が高い。

こうした調査結果から見ると達里では基本的な農具を持っていないか、一部持っている階層の人々が大半であり、一揃いの農具を不足なく持っていたのは上層の六戸にすぎないということになる。残された中・下層の九四戸の農民たちは農具の一部を借りたり、外の在来農具の鍬、鎌などで代用していたと考えられる。改良農具と在来農具を併せて農作業に不自由のない農具と言えるような機械的な農具を所持していた農民は全体の五パーセント程度であったということが出来る。ある程度の農具を持っていたのは中層の一部で、農民の大半を占めていた中層と下層の、農具を持っていない戸数は半数に達していたと思われる。改良農具が近代的な農具であったと規定すれば下層農民は近代的な農具自体を満足に持っていなかったのである。しかも、達里のある慶尚南道は改良農具が朝鮮内でもっとも普及していた地域であるから、他地域での小作階層はほとんど改良農具を所有していなかったと予想することが出来よう。下層小作人の大半は在来農具の一部を持ち、それすら持っていないものが多かったと考えられる。地主が持っていた農具を借りて農作業を行う農業労働者と大差のない状況がこの時期の農村では存在したと考えられる。ここでは鍬、鎌、ホミなどは農具に入れられていないが、大半の農民は鍬と鎌、ホミなどの在来農具によって耕

第24表　1940年度主要農機具普及状況と農業総戸数との割合

農具の種類	農具数	農業総戸数（3,023,133）に対する割合
石油発動機	23,965	0.7%
揚水機	42,990	1.4
改良犂	344,836	11
脱穀機	222,549	7
籾摺機	28,680	0.9
精米機	24,029	0.7
唐箕	80,680	2.6
万石	14,605	0.4
製縄機	65,608	2.2
製筵機	614,294	20

＊　朝鮮総督府農林局『朝鮮の農業』1941年版から。
＊　農業総戸数は1939年の数字。
＊　割合は四捨五入した。

作などに使用していたと考えられる。

これを一九四一年度の前掲『朝鮮の農業』から実証的に明らかにしておこう。同資料で主要農機具普及状況と農家戸数の割合を第24表として見てみる。ここに挙げられているのは改良農具である。

この表の農家総戸数には日本人農家が含まれているし、兼業農家一四一、一三八戸が含まれている。こうした条件を含めて考えても如何にわずかな機械的な改良農具しか普及していないかが明白である。総数の内、小作農一、五八三、三五八戸、純火田民六九、二八〇戸、農業労働者一一一、六三四戸であったが、これらの農家の大半は総督府の規定する「主要農具」は持っていなかったと考えられる。およそ一〇万戸近くの大小地主の農場、東洋拓殖株式会社などにはこうした水田用の農具が導入され、使われていた農業機械が「主要農具」とされていたと考えられる。改良農具の大半は大地主などの土地経営者が所有していたと考えられる。したがってそこで働く小作人は農具を持っていないのが大半で、持っていたとしても鍬、鎌などの簡易な農具のみであったと考えられる。達里農家では上層農家六戸（耕作農家六戸）が改良農具を二三個所有し、総数の四四パーセントを持っているのである。これに対して残った改良農具は二九個で、五六パーセントの農具を中層および下層農家が所有しているのである。

階層的に見ればもっとも多数を占める下層農民の大半は改良農具を所有していなかったと言える。小作農民の大半は在来農具を使用して農業生産を行っていたのである。

戦時下に農具生産は統制され、農具は配給制になっていったが配給体制は十分ではなく、公平に購入することは難しかった。また、小作人などが生産向上のために購入することは小作農家の経営状態から見て極めて困難であった。供出の強化、天引き預金、教育費の負担などが大きくなり新しい農具を小作人が購入する余裕はなかったのである。一九四〇年からの鉄鋼不足による農具の生産減は小作農民ほど農具購入を難しくしていたのである。農具統制を担当した統制組合もほとんど機能しておらず、農機具自体が不足すると財政力のある地主などが農具を占有していたと考えられる。鉄製品の不足で農具の供給が十分できなくなると朝鮮内の激しいインフレの進行とともに、さらに農具の入手は困難になっていた。

総督府の考えていた農具の中心は第24表に見られるように米生産に使用する農具が中心で、朝鮮農民の食べる畑作物を作る農具は犂が畑作でも使われる程度であった。在来農具の畑作への有効な利用の検討に関する資料は発見できていない。在来農具を使用した朝鮮人の消費穀物などの生産は軽視されていたと判断できる。

植民地的な商品としての米作中心農政が農具の所有にも影響していると言える。朝鮮農政は地主制に基づいており、農具は大半が大規模地主に所有され、これを貸し出していたと思われ、これが小作農民の農具所有にも影響していたと考えられる。この時期の朝鮮では農業の生産手段である土地も持たない小作人農家が多かったが、さらに農業生産に重要な農具を持っていなかったのである。在来農具の鍬、犂、鎌、ホミなどを少数持っていたのみと考えられる。これは植民地支配以降ほとんど変化がなかったと考えられる状況であり、改良農具を所有するものとの生産性が違い、小作人農家の窮迫が一層加速された要因の一つになっていたと思われる。戦時下の農具不足によって小作農の農具所有率は一層悪化したものと思われ、農民窮迫の原因の一つになっていたと位置づけられる。

また、稲作中心の農政では稲作用の農具が農業機械として考えられ、稲作用の農機具生産、改良農具に重点が置かれていたのである。このため朝鮮農民の主要な食用作物であった麦、粟、馬鈴薯、稗、薩摩芋など畑作用の朝鮮独自の在来農具の改良、機械化は進んでいなかったのである。農具についても植民地的な所有の片寄りが存在し、朝鮮農民の生活改善にはほど遠い存在になっていたのである。

なお、この時期に使用されていた農具については韓国内の博物館等に収蔵されている。また、各地域の中学校などには地域で使用した農具が集められ、展示され、図録も刊行されている。慶尚南道咸安中等学校刊『咸安民俗博物館』などである。本節で使用した『朝鮮の農村衛生』の対象になった達里の農具が日本の国立民族博物館に収蔵されており、韓国の国立民族博物館で二〇〇八年九月に『郷愁―一九三六年蔚山達里―』が立派な図録として刊行されている。

第五節　労働動員と労働者不足

1　労働動員と農村社会

戦時期の朝鮮農村にはそれまでにない社会変動が起きたが、この変動の要因は米を中心とする物資の動員も存在したが、基底の一つにあるのは農村からの大量の労働動員であったと考えられる。この動員によって農村社会は「崩壊」に近い打撃を受け、経済的な混乱と生活難のなかで一九四五年八月を迎えることとなり、解放後の社会状況に大きな影響を与えた。この労働動員は農村、特に南部各道米作地域からの動員で動員先は日本、中国東北地区、南洋、朝鮮内の工場、軍事基地建設など広範に動員されていた。四四年からは徴兵制が実施され対象朝鮮人青年がいたところではすべて徴兵された。これが農村社会に与えた影響は単なる労働動員に止まらず農村社会に大きな影響を与えたと考えられる。

すでに戦争末期の総督府支配、労働動員政策については崔由利『日帝末期植民地支配政策研究』一九九七年、李サンイ『日帝下朝鮮の労働政策研究』二〇〇六年、鄭へギョンには『日帝末期朝鮮人強制連行の歴史』二〇〇三年他多数の論考がある。庵逧由香『朝鮮総督府の総動員体制（一九三七〜一九四五）形成政策』二〇〇六年（韓国語）など多くの韓国での研究成果が生まれている。本稿ではこうした成果に学びながらも労働動員が朝鮮内に及ぼした影響、特に人口の八割を占めていた農民が労働動員の主な対象になったことを中心に、その実態とそれによって農村社会がどのような状態に置かれたか、について実証的に考えていきたい。まず、朝鮮内の人口構成の実態と何割の人々が農業で働いていたのか、動員された人々はどのような分野の動員先であったのか、など極めて基礎的な実体を明らかにすることから始めたい。そうした労働動員の方針を定めた総督府の農業政策についても言及したい。

2　朝鮮人総人口と動員可能人口の検討

戦時期の朝鮮における人口については一九四〇年度に行われた国勢調査結果を簡略にまとめた朝鮮厚生協会『朝鮮に於ける人口に関する諸統計』一九四三年刊があるが、日本人在住者を含めた数字であることから朝鮮人の実態を把握するには適当でない。ここでは労働動員などのために緊急に行われたと考えられる朝鮮総督府『人口調査結果報告』その二（一九四四年五月一日現在、一九四五年三月刊）(44)によって検討していきたい。

まず、この資料から稼動労働力人口として一六歳から五〇歳までの朝鮮人男女人口一覧を作成したのが第25表である。ここで一六歳から五〇歳までとしたのは一九四四年三月二六日付、朝鮮総督府「朝鮮労務者斡旋要綱改正」によって改訂されたもので、それまでの労働動員は一七歳から四〇歳までとされている

第25表　16歳～50歳までの朝鮮人人口と総人口

年齢別	男子	女子
0～15	5,347,503	5,582,255
16～20	1,092,099	1,126,058
21～25	856,074	947,291
26～30	813,083	852,325
31～35	753,666	780,490
36～40	640,693	645,742
41～45	579,148	564,162
46～50	530,884	507,337
(16～50計)	5,265,647	5,423,405
1～15歳・50歳以上を含む総計	12,521,179	12,599,001

＊　前掲『人口調査結果報告』1944年5月1日現在による。
＊　男女総計は25,120,180となる。
＊　年齢別の集計は筆者が行った。

からである。したがって一九四三年度末までは原則的には一七歳から四〇歳までの人々が動員されていた。四三年度末には労働者動員が困難になり動員対象者が一六歳と四〇歳から五〇歳にまで拡大されたと考えられる。

第25表に見られるようにこの時点での男子労働力は五、二六五、六四七人であった。この内訳には日本国内在住者、中国東北地区在住者、樺太、南洋地区動員労働者などが含まれている。また、当然のことながら朝鮮内の農業従事者、労働者、無業者をも包括している数字である。したがってこれらの人々がどこで何人ぐらいどんな職業に従事していたかの分析が必要であり、特に農業従事者がどの程度農村で農業に従事していたか、を考察する際には重要な要素になる。そこで最大の就労先であった朝鮮内の労働者数について検討してみたい。

3　朝鮮内労働者数

第26表は一九四四年一〇月に総督府によって集計された朝鮮内労働者の数字である。表の注で示したような誤差が含まれるが、朝鮮内では最低でも農業を除いた約二五〇万人余の人々が働いていた。

この表の人口調査結果報告では1～9までと重複されると考えられる作業者男子は六、二九二、七〇四人と計上されている。また人口調査結果報告では農業者も含まれていると考えられる。この内一五歳以下の作業者が五二二、三四九人、五一歳以上の作業者一、一一〇、五六〇人とされている。計一、六三二、九〇九となり、総数六、二九二、七〇四からマイナスすると作業者四、六五九、七九五人が一六～五〇歳までの作業者・労働人口となる。男子総人口のなかでは農業従事者を含めて朝鮮における男子労働力は四、六五九、七九五人であったと言える。

この一六歳から五〇歳までの男子労働者四、六五九、七九五人から女子も含まれるが朝鮮国内労働者二、五二九、五七〇人をマイナスすると誤差があると考えられるが二、一三〇、二二五人が朝鮮内農業従事者や日本・中国東北地区などの外国居住者と日本や朝鮮内の戦時労働動員者であったと推定できる。もちろん、第26表の1～9までの数字には一五歳以下と五〇歳以上の人々、若干の女性などが含まれていると思われるが大差はないであろう。そこで最大の国外居住地であった日本国内の在住者、戦時労働動員者(45)の検

第26表　朝鮮内「勤労者」現員調　人口調査結果報告男子総計

業種別	（１）地方法院別「勤労者」数	（２）人口調査結果報告・分類による男子数
1　工場関係	397,186	
2　鉱山（石炭山含）関係	345,676	
3　土建関係	387,757	
4　運送関係	105,153	
5　林業関係	205,911	
6　漁労関係	211,520	
7　塩業関係	12,286	
8　船員関係	95,120	
9　日雇労務者	464,937	
小　計	2,225,646	
10　経営者	5,753	7,151
11　事務者	165,511	172,422
12　技術者	17,822	27,901
13　公務・自由・その他	114,838	122,130
		5,898,865（無業者）
		6,292,704（作業者）
小　計	303,924	
総　計	2,529,570	12,521,179

＊　（１）の１～13までは「朝鮮総督府裁判所職員定員令中改正の件」『帝国管制雑件　朝鮮総督府官制の部』1945年１月４日付から作成した。原表は地方法院管内別にまとめられているが総計のみとした。１～９までの中には16歳以下と50歳以上が含まれていると考えられる。また、このなかには女性が若干含まれ、工場労働者、特に紡績関係労働者が多かった。農民は含まれていない。

＊　なお、（２）の人口調査結果報告・分類は、10～13までの分類と無業者と作業者とされている。

討から始めて行きたい。

4　朝鮮外に住んでいた朝鮮人労働者数（稼動労働人口）

（1）日本国内一般男子在住者数

第27表は戦時労働動員者を含めた一九四二年末の総数で有業者は約八五万人であった。その後、四四年度までに一般渡航者も増加し、統計に現れない戦時動員労働現場からの逃走者などがおり、総数では二〇〇万人を超える人々が日本で働いていた。この二〇〇万人から戦時労働動員者をマイナスし、帰国者を想定すると、少なくとも一九四四年度には約八〇万人の人々が一般男子在住者として日本で働いていたと考えられる。さまざまな要因があり推定数である。

（2）一九四四年末時点での日本国内戦時労働動員者数

次に日本に渡航していた戦時労働動員者についての数字を検討してみよう。

周知のように日本への戦時労働動員は一九三九年から開始され、契約は二年間であったが、三九年から四五年まで動員先で働かされた事実も確認できていること、契約期間が終わると帰国した人、途中で逃亡した人、死亡した人々など特定の時期を限ってその人員を確定することは困難である。ここでは一九四四年の時点で動員され、日本に在留していたと考えられる人々を一応の数字として挙げておきたい。少なく

第27表　1942年末の在日朝鮮人労働者総数1,625,054人の内有業者数

有識的職業	3,974
商業	44,521
農業	13,162
漁業	700
労働者	757,827
接客	4,529
その他有業者	28,405
	853,118

＊『社会運動の状況』1942年末現在による。
＊失業者、29,427人の学生・生徒（中学生以上)、「世帯主従属者」などは除いた。
＊有業者数の内には工場勤務などの女子が含まれている。
＊1945年には在日朝鮮人総数は労働動員者を含めて200万人に達していた。

第28表　1944年に日本に在留した戦時労働動員者

1942年度動員者	112,002人
1943年度動員者	122,237
1944年度動員者	280,304
計	514,543人

＊1939年から41年までの動員者がすべて帰国していたわけではないが帰国人員など正確には明らかでない。帰国には帰国証明書が必要で逃亡者発見のためにも厳しく管理されていた。したがって逃亡者が多かったが契約期間２年未満の者は日本国内で労働に従事していたと考えられる。但し、死亡者、病弱者などは帰国させられた。
＊前掲『朝鮮人戦時労働動員』71ページ第２表による。

ても第28表のように五一四、五四三人の一六歳から五〇歳までの労働者が動員され、日本にいたのである。四一年までに動員された人々のうち逃亡した人々は帰国できずに日本国内で労働に従事していた人々が多い。実質的にはさらに多くの人々が日本国内で働いていた。なお、四四年度には女性も日本に動員されるようになっていた。この表の数字は在日戦時労働動員者数であると言える。

（3）中国内朝鮮人男子労働者数

次に朝鮮外で日本に次いで朝鮮人居住者が多かった中国東北地区（「満州」）や中国内に居住していた朝鮮人についてもふれておかねばならない。彼らも日本兵士として

第29表　1944年度推定　16歳から50歳までの男子朝鮮人国外居住者

日本国内一般居住者 日本国内戦時労働動員者 中国国内居住者	800,000人 514,543人 500,000人	推定数 樺太・「南洋」を含む 推定数
計	1,814,543人	

第30表　軍関係動員者

朝鮮人軍要員	88,241	1939年からの総数、39年と40年は併せて891人にすぎない。太平洋戦争開始とともに増加、南方など占領地にも送られた。
徴兵者	95,000	1944年度の徴兵者のみの数字、この他にも船舶兵、農耕隊などで徴兵された人がいるがここには含めていない。
計	183,241	

＊　軍要員については帝国議会説明資料による。数字は1944年９月末の数字とされている。

＊　朝鮮人徴兵の全体については拙著『戦時下朝鮮の民衆と徴兵』2001年刊を参照されたい。

徴兵されたり動員対象になっていたからである。中国にどれだけの朝鮮人が居住していたかは明確な統計資料に基づいた研究が少ない。中国全体では二〇〇万に達する朝鮮人が生活していたが、日本渡航者には単身労働者が多かったものの中国へは農業移住者が多く、家族を伴っていた。こうした条件から男子の一六歳から五〇歳までの稼動労働力人口は少なく見積もって五〇万人前後であったと考えられる。

日本国内在住者の労働者統計には女性も含まれ、推定数とせざるを得なかったが、日本国内、戦時動員労働者、もっとも少なく見積もった中国内労働者数を合わせると第29表のようになる。

この他に一九四四年から開始された徴兵者と各地に動員されていた軍属などがおり、第30表に示した通りである。この数字には陸軍特別志願兵で現役の人、この年に作られた朝鮮人海軍特別志願兵、また、朝鮮人学徒志願兵三、八九三人、朝鮮内からの「満州」への朝鮮人割当移民などを含んでいない。実質的な動員者は本表よりさらに多かったと言える。

5　徴兵者と軍属たちの動員数

第30表に示したように軍人・軍属として徴兵された人がいる。徴兵者には朝鮮内はもちろん、日本国内、「満州国」中国各地区などで徴兵されたすべての人々が含まれている。第29・30表を合わせると一、九九七、七八四人に達するのである。

6　朝鮮における稼動労働者総数

こうした朝鮮外在住者、戦時労働動員者、徴兵者と朝鮮内の労働者数を推計を含むが総括的に表したのが第31表である。この表の朝鮮人男子労働者総数は作業者総数から一五歳以下の作業者と五〇歳以上の作業者を除いた数字である。朝鮮内残数が朝鮮内で一六歳から五〇歳までの農業労働者として働いていたこととなる。

第31表　16歳～50歳までの朝鮮人男子労働者・動員者概況と朝鮮内残数

朝鮮人男子労働者総数	4,659,795	
内訳、朝鮮内労働者数	2,529,570	第26表
在外居住者	1,814,543	第29表
軍人・軍属	183,241	第30表
内訳計	4,527,570	
朝鮮内残数	132,441	

朝鮮内労働者、在外居住者、軍人・軍属動員者を合わせると四、五二七、三五四という結果になっている。この数字は在外居住者などはもっとも少なく見積もっている。この内訳には農業従事者が含まれていない。計算上は残った一三二、四四一人で農業を維持していたことになるのである。また、この数字には第26表の1～9までを除けば、原則として無職とされている一五歳以下と五〇歳以上は対象になっていないので、これらの一五歳以下の子どもと五一歳以上の老人によって農業が維持されていたと考えられるのである。この残されていた一三二、四四一人は農業を維持するために朝鮮総督府が創設した農業要員として労働動員から外される対象になっていた一三七、〇〇〇人の農業要員指定者(46)であったと考えられる。

しかし、一三万余の労働力では農業国であった朝鮮の農業が維持できず、農村には四二年からの凶作が襲い、朝鮮農民は多くの労苦を負うことになるのであるが、朝鮮内では更なる動員が課せられるのである。それは朝鮮内で行われた道外動員と道内動員である。

7　朝鮮内農民の道外、道内動員—全羅南道を事例として—

戦時下の朝鮮内での道内、道外動員実態の研究については韓国でも始まったばかりであり最近の代表的な研究としては、金旻榮「日帝強占期国内労務動員の研究現況と課題」（『日帝強制動員と湖南地域の被害像』所収、二〇〇七年刊）などがあり、金論文は動員された人々に対するヒヤリングなどに基づいた実証的な論考である。

この朝鮮内の戦時動員についての問題は日本国内に動員された人々が民族差別や強制労働で被害者になっていただけではなく、朝鮮人が朝鮮内でも道内、道外の工場、飛行場建設に対する労働動員によって賃金などでの民族差別、強制労働によって大きな被害を受けていたことを示している。日本人にとっても重要な問題であるが研究は極めて少ない。

ここでは朝鮮内全道の道内、道外動員総数と米作地帯である全羅南道の動員数をあげて朝鮮内労働動員の状態を明らかにしておきたい（第32表）。全羅南道を取り上げたのは米作地帯であるだけでなく、道外動員でも道単位で見れば第一位を占めているからである。また、全羅南道は京畿道に次いで人口の多い道であり、日本への動員数でも全道のなかで第二位を占めており、農業との関係で言えばもっとも人的な被害の大きかった地域の典型な事例地域でもある。

この一九四四年時点における全羅南道の男子人口は一、三一八、〇七八人であり、内訳は第33表のとおりである。有業者は六八六、〇五二人となる。この内、徴用を含めて動員対象者になったのは一六歳～五

第32表　朝鮮道内・道外動員数と全羅南道の動員数

1942～44年

年度	道内外別	全道動員数	全羅南道動員数	割合%	全道順位	備考
1942	道外	110,741	19,831	18	1	実数
	道内	333,976	26,393	8	6	実数
小計		444,717	46,224			
1943	道外	120,000	23,620	20	1	計画数
	道内	408,976	20,160	5	10	9月末現在
小計		528,976	43,780			
1944	道外	585,000	100,175	17	1	見込み数
	道内	608,743	21,419	4	10	見込み数
小計		1,193,743	121,594			
総計		2,167,436	211,598			

＊　資料は『本邦労働法制並びに政策関係雑件　外地への適用関係』外務省外交資料館蔵　1944年から作成。

＊　割合と全道順位は総数に対する比率から算出。

＊　全羅南道の道内動員数の割合が少ないのは軍の飛行場、鉱山、工場が少なく、全道に占める割合と順位が低いのである。どこに何人が割り当てられたかについては明らかでない。道外動員については工場地帯と朝鮮北部土木工事、急ごしらえの飛行場などの軍事施設への動員が多かったと考えられる。

＊　計画数、見込み数は実際の動員数とは違い、これを越える場合と低くなる場合があった。

〇歳までの男子、四五九、三八七人である。先にも指摘したように四四年三月までは動員対象は四〇歳までであったから、その基準で考えると動員可能な労働者は三三〇、二〇〇人であった。もちろん、この数字からは日本への戦時労働動員者が全羅南道で四二年には一四、四六二人、四三年度が一六、七〇〇人、四四年度が四三、四〇〇人、計七四、五六二人に達しており、この他にも拒否できない徴兵や軍属募集などに多く動員されていたことは言うまでもない。日本に一般渡航者として、中国東北地区に「満州」農業移民として送られた人もいたのである。この調査報告書のように実際本籍地に住んでいない人を含んでいることを考慮に入れて考えると、実に膨大な労働動員が農村社会をおおっていたことが判る。

第32表の全羅南道の道内、道外の動員数、四二年の四万六千人、四三年の四三万人、四四年の一二万人という数字が一六歳～五〇歳までの労働人口総数をはるかに超えており、いかに大きなものであったかが判明する。道内、道外動員が三カ月程度の短期間とは言え、いかに大きな数字であるのかが明白である。数字だけから見れば一人が数回道内外に動員されたことになる。

第33表　全羅南道の男子人口構成

職種	人員
経営者	311
事務者	10,457
技術者	2,050
作業者	661,835
内1～15歳	(63,920)
16～50歳	(459,387)
51歳以上	(138,333)
公務・自由	11,399
無業者	632,028
計	1,318,078

＊　出典　前掲『人口調査結果報告』1944年5月1日現在から作成した。
＊　数字が一部合わないが資料のママとした。
＊　内数は年齢別数。

もちろん、この数字には児童・生徒・子どもたちの動員や老人たちの動員も含まれると考えられるが、こうした動員が農作業や日常生活に大きな障害になっていたと考えられる。もちろん、こうした動員は農繁期を除いた時期に行われたりしていたとも考えられるが、農民の食糧確保にとって供出で取られる米よりも畑作の方が重要であり、各畑作は年間を通じて除草など

「銃後の守りはわれらの手で」
『朝鮮農会報』1942年10月号　口絵から。
女性が参加しての稲刈りを表現している。

の作業が必要であることから道内、道外動員の影響は甚大であったと言える。

朝鮮有数の米作地帯である全羅南道でも農村男子労働力は枯渇していた実態が明らかになった。老人と子ども、女性による農業労働動員が行われていく。

特に女性に対しては農村での労働参加、日本の工場などへの少女動員（女子挺身隊）などが実施された。日本の工場への動員は一九四四年に一〇、〇〇〇人の動員が計画され、名古屋三菱重工、富山の不二越、静岡県沼津の東京麻糸などにも数千名の国民学校卒業少女たちが動員されてきた。戦時下の朝鮮女性の置かれた状態は都市インテリ層の女性を除けば、農村の女性たちは極めて劣悪な状態に置かれていた。総督府は女性動員のために一九四三年一〇月に女子錬成所の設置方針を示し、一九四四年度から一六歳以上で労働可能な未婚女性を対象として国民学校を出ていない女性を選んで訓練を実施していく。国民学校卒業の女性については工場動員などの道が開かれており、就学していない女性に日本語などの基礎教育を実施して労働動員の対象にしたのである。ここでは男子のみを取り上げてきたが、女性も朝鮮内外を問わず動員しようと準備を開始していたのである。一九四四年四月から一六歳の女性を対象に朝鮮全体で一〇六、〇〇〇人を錬成所に収容し、動員に耐えうる教育を実施したのである。実際、慶尚南道では二五七カ所に錬成所が設置されている。朝鮮総督府は独身の動員可能な女性をすべて動員できる体制を作ろうとしていたのである。(47)

結婚していた女性たちにもそれまで女性が参加することの少なかった水田耕作が要求された。牛耕作・犂の訓練、朝鮮南部では田植えなどへの参加など全面的な農作業への参加が求められたのである。こうした朝鮮総督府の強引な女性動員政策は朝鮮社会のなかに不安を与え、動員から逃れるために一六歳以下でも結婚させる事例や名目的な結婚が各地で見られるようになったりした。未婚女性は軍に徴用され、慰安婦にされるという噂が広がっていたのである。

しかし、戦時下に急ごしらえの女性動員や子どもたちの動員では朝鮮支配の主目的である米の生産のための労働力確保の見通しは立たなかった。総督府が考えたのは農業要員を指定し、労働力を農村に確保するという方策であった。

8　不採算農家の処分と農業要員指定制度

広範に実施された労働動員政策の結果、農業労働力が不足して剰余労働力が豊富に存在すると言われた朝鮮南部の全羅南道でも農業労働者は不足するようになった。総督府は米の生産確保のため対応策を採らざるを得ない状態になっていた。一方では農村から膨大な労働力を「供出」しなければならなかった。「合理的」に農村で米を増産させ、農村の採算に合わない小規模農家・下層小作農民を処分し、労働者として送出する方策が「朝鮮農業再編成」であった。この問題提起は一九四二年頃から積極的に提案され、朝鮮総督府の機関誌とも言える雑誌『朝鮮』一九四二年一一月号で「農業再編成」が特集されている。この中心的な議論は農業生産性を高めることにあり、中心的には不採算農民の切り捨てとそれら農民の労働者への転業を中心とする処分であった。このことを典型的に以下のように述べている論考がある。

「労働力の源泉としての農村人口の質的低下、肥料の不足、農機具、役畜の利用度の低位などを理由とする朝鮮農村の労働力不足は漸く目だってきたにも拘わらず、一方に於いては農村人口を半減する必要が企業としての農業を安定させる上から必要であり、それ以上に国家的要請にもとづき農村より鉱工業地帯に労働力を補給しなければならぬのである。」と論じている。(48)

農村人口の半減が米の合理的生産にもっとも必要であると指摘しているのである。では総督府は具体的に農業所要労働力として何人位を想定していたのであろうか。所要以外の過剰人口をどの程度であると見積もっていたのであろうか。第34表に示した数字がそれである。

第34表　農業所要労働力調　1943年末

農業戸数		3,062,011
農業人口	男	8,850,878
	女	8,988,224
農業生産人口（15～55歳）	男	4,425,439
	女	4,404,229
農業所要人口（15～55歳）	男	2,318,201
	女	2,307,163
差引過人員（15～55歳）	男	2,107,238
	女	2,097,066

＊　外務省外交資料館『本邦農産物関係雑件　農産物作柄状況　外地関係』1944年による。

この表では農業生産人口の半数弱を過剰人員として位置づけ、動員可能な人数としているのである。先に示したような動員基準に基づいて耕作地が五反歩未満の農民や零細小作農、農業労働者などを生産性に合わないとして処分する方針であった。女性を除けばほぼこの方針に沿って動員されたのである。朝鮮総督府は過剰人員の労働者としての処分は農村再編成、農村経済の合理化であると判断し、労働動員を実行していたのである。

こうした基本数字と方針に基づいて日本などへの戦時労働動員者は朝鮮南部農業地帯、すなわち、米の主産地に集中していた。日本への労働力動員は朝鮮北部からは一九四三年になってから、わずかに割り当てられたにすぎないのである。朝鮮南部への戦時労働動員基準は、

①　内地（日本）への移住希望者、無職者、一戸二人以上の労務者を有し内地移住を希望する者　耕地狭小にして労務者として転業を可とする農家につき勧奨選定すること。

②　耕地狭小部落及び常習的旱水害部落並びに縁故渡航者出

願諭止者の多数ある部落については特に前号により可成り多数選出方処置すること。(50)

としている。

朝鮮農村内に存在した小規模不採算農民を中心に日本などに送り込み、適正規模の農家による米の生産によって生産性を上げようとしたのである。

ところが、労働動員の範囲が拡大し、四四年度の動員は地域によって異なるが二～三倍の動員数になり、日本国内の工場には農村で中堅人物になるような国民学校を卒業した学歴者まで動員されるようになった。さらに、徴兵は先の基準を超えて一定年齢の者をすべて動員することとなった。同時に生産性の低い小規模農家のみならず、小作農中、上層の農民までが動員されるようになった。先に見た動員数と合わせ考えると基準以上の多くの農民が動員されるようになった。総督府は農業労働者を確保する必要に迫られて急遽「戦時農業要員」の設置を進めなければならなくなった。

一九四四年九月、朝鮮総督府政務総監名で農業要員設置要綱が通知された。第1項に示されている方針はこの制度を次のように位置づけている。

「(1) 方針　食糧その他戦時重要農産物の画期的増産を必期せんが為には部落における中堅農家並びに之が指導に当たるべき農業関係指導者の充実確保を図ること緊要なる処、近時農村労務は他部門への供出強化並びに他産業への自由転業に依り減退の一途をたどり、また、指導部面に於いても一層陣容の整備充実を期するの要ある」とのことから、労働力が減少したために農業要員を設置するとしているのであるが、文字通りの農業労働者の確保がこの要綱の基本的なねらいであった。

このため、この要綱のなかには農業要員の指定基準などが詳細に定められているが、農業要員に指定されると徴用や労働動員の対象から外し、労働力を確保しようとする項目が含まれている。要綱の（３）として

（イ）農業要員は国民徴用令に依る徴用及一般労務者の斡旋より除外するものとす

（ロ）農業要員中離農の統制に関しては別途適宜措置を講ずるものとす(51)

としている。

農業要員に指定されれば各種の労働動員を免除されることになったのである。極めて大きな変更処置であった。また、ロ項に示されている離農については農業を見限って転職するという風潮が強くなっていたために項目が設定されたのである。賃金は統制令下に定められていたが実質的な賃金は高騰していたので、農業外に就労する人口が増加していたのである。闇賃金が高騰し都市・農村の土木労働などの方が収入が高くなっていたという事情と供出強化、農産物価格統制で農業では生活出来なくなっていたという事情が背景になっていた。

総督府は強引に道別に農業要員を指定したが総部落数、六八、八八一部落に対して一三七、〇〇〇人を指定した。しかし、農業要員指定が行われたのは一九四四年末から四五年はじめにかけて行われており、この制度が末端まで浸透したとしても四五年四月以降であった。実効を生むには至らなかったと考えられ

る。

ここで指摘しておきたいのは農業要員を指定せざるを得ないほど農村労働力が枯渇し、農村から労働力が流出し、朝鮮農業が危機的な状態になっていたことを象徴的に表現している事実であるということである。

農民の半数を労働者として動員し、日本の労働力不足を補い、それのみならず朝鮮内でも動員を実施した。また徴兵や軍属として多くの人々を動員した。この結果、朝鮮農民は動員先の日本、樺太、「南洋」などで大きな犠牲を強いられてた。兵士・軍属としては日本が侵略した大半の地域で犠牲者を出した。朝鮮内でも動員された人々にも被害を与えた。朝鮮農村には一六歳から五〇歳までの働き盛りの労働力が極端に不足するようになっていたのである。こうした点も重要で解明しなければならないが、朝鮮農村社会にも労働動員がもたらした混乱と犠牲を強いていたという事実も存在する。本章ではこの動員事実の確認とそれを総督府・日本政府は明確な政策として遂行していたということを明らかにした。

注

（1）朝鮮総督府高等法院検事局『朝鮮検察要報』第一〇号所収「内地北部方面に於ける朝鮮人労務者動向並労務管理の欠陥状況（内地情報―平壌検事正報告）」による。この資料は一九四四年一一月に作成されている。なお、こうした事例はすべてではなかったと考えられるが、深刻な労働力不足の象徴的な事例として取り上げた。

（2）前掲『朝鮮検察要報』第五号、一九四四年七月刊「国民学校児童の食糧不足に基因する犯罪」（新義州検事正報告）による。
（3）拙著『戦時下の朝鮮農民生活誌』を参照されたい。
（4）この水害の数字は『本邦変災並救護関係雑件外地一般（拓務省所管）関係』昭和一四〜一六年　外務省外交資料館蔵による。
（5）『釜山日報』一九四二年九月八日付「旱害を克服せよ」記事による。
（6）『釜山日報』一九四二年九月一〇日付。
（7）『釜山日報』一九四二年九月一七日付。
（8）『毎日新報』一九四二年一〇月五日付。
（9）『毎日新報』一九四二年一〇月二一日付。
（10）『気象要覧』五二五号　一九四三年五月、中央気象台刊「雑象」欄の蔚山からの報告から。
（11）「昭和一七年の旱害に基因せる犯罪の概要」『経済情報』九号　朝鮮総督府法務局　一九四三年一一月刊による。
（12）この旱害・水害数については『本邦農産物関係雑件　農作物作柄状況　外地関係』昭和一九年　外務省外交資料館蔵による。冷害については同資料一九四四年一〇月二八日付「農商局長から管理局長あて」文書による。
（13）『太平洋戦争下の朝鮮　4　朝鮮総督府予算「食糧関係重要文書集」』友邦協会。
（14）三須英雄『朝鮮の土壌と肥料』東都書房　一九四四年一月刊。
（15）広田豊「朝鮮に於ける農業組織」『朝鮮農会報』一九四一年四月号所収、広田は当時水原高等農林学校教授。

(16) 筆者などによる聞き書き。許任煥「朝鮮での暮らしと日本での暮らし」『在日一世の記録』集英社新書所収。

(17) 前掲 三須英雄『朝鮮の土壌と肥料』九二ページ。

(18) 朝鮮総督府『調査月報』一九四三年八月号、不二農場についての記述による。同報告は京城帝国大学衛生調査班の報告で農村衛生の視点からの調査である。

(19) 前掲 三須、九九ページ。

(20) 唯農山人「農会雑話」『朝鮮農会報』一九四三年六月号。

(21) 石垣千代三「咸北農業の使命と特異性の二、三」『朝鮮総督府調査月報』一九四四年三月号。

(22) 肥料統制経過については本書末の年表を参照されたい。また、太平洋戦争下の肥料需給統制は農林省によって朝鮮・台湾の割当も行われ、調整されたが日本国内向けが優先された。

(23) 尾崎史郎「国策統制肥料と半島現下の需給関係」『朝鮮農会報』一九三九年六月号所収。

(24) 国策会社である南洋興発、南洋拓殖株式会社によって少なくとも三三、〇〇〇人の朝鮮人が農業労働者、あるいは燐鉱石などの採掘のために動員されていた。現在の時点では肥料生産朝鮮人労働者のアンガウル島での動員数などが判っているのみである。

(25) 尾崎史郎「本邦の燐酸問題と燐鉱の賦存について」『朝鮮農会報』一九四一年一一月号、同号農会雑報「現下肥料情報」覧による。

(26) 一九四四年六月一日〜二日に開催された「内外地肥料協議会経過概要」『肥料取引関係雑件』外務省外交資料館に依る。この会議で台湾・朝鮮・日本国内などへの配布量が決定された。

(27) 例えば『朝鮮農会報』一九四三年七月号には宮崎正好「小肥下稲作に於ける硫安追肥期の繰下げについての一考察」、同年八月号には原史六「米穀の増産と緑肥稲作について」、同号に久能佑孚「水稲作に対する硫安施肥問題の近況と考察」などの総督府農事試験場の関係者の論文を見ることができるが、畑作物肥料関係論文は極めて少ない。

(28)『朝鮮農会報』一九四二年一一月号「地方通信」覧による。

(29) 一部については『朝鮮農会報』の各号から作成した本書末の草刈り大会などの実施関係年表を参照されたい。『毎日新聞北鮮版』一九四四年六月二〇日付では堆肥増産をするために青草刈りを七月から強調週間を設けて行うことなど各地で盛んに実施されていたことが確認できる。

(30) 前掲『肥料取引関係雑件』による。

(31) 三須英雄「農業再編成の眞義」『朝鮮』一九四二年一一月号。

(32)『調査彙報』朝鮮金融組合連合会　一九四二年二月号所収「農商部長会議に於ける塩田農商局長演示要旨」による。

(33) 一九四四年八月二八日付「水稲作況」『本邦農産物雑件　農作物作柄状況外地関係』外務省外交資料館蔵による。

(34) 一九四四年一一月三〇日付「昭和一九年度米雑穀麦類作況」朝鮮総督府農商局『本邦農産物作柄状況外地関係』一九四四年、外務省外交資料館蔵による。

(35) 高橋昇『朝鮮半島の農法と農民』未来社などにふれられている。

(36) 飯沼二郎「日帝下朝鮮における農業革命」『植民地期朝鮮の社会と抵抗』未来社、一九八二年刊。

(37) 岡部桂史「戦前期日本農業機械工業と海外市場」『立教経済学研究五九－四』、二〇〇六年刊には朝鮮への農具移出量についての一覧が作成されているが動力耕耘機、人力脱穀機、動力脱穀機、籾摺機、精米機、農用噴霧器の六種についての年次別移出量が掲載されている。それによれば一九四三年以降の急激な移出量の減少があることが判る。

(38) 一九四二～四三年「帝国農業政策並法規関係雑件―外地に於ける農機具需要関係」外務省外交資料館蔵による。

(39) 数字は岡部桂史「戦前期日本農業機械工業と海外市場」『立教経済学研究』五九－四 二〇〇六年刊 表5による。

(40) 洪性讃『韓国近代農村社会の変動と地主層』知識産業社 一九九二年刊 二〇九ページ。第9表「一九三九年会計年度土地自作費支出内訳」による。

(41) 朝鮮金融組合連合会『調査彙報』五〇号、一九四四年三月号所収「農機具の末端配給状況に関する調査」による。

(42) 高橋昇『朝鮮半島の犂』二〇〇三年刊に在来犂の再生産について述べられている。

(43) 朝鮮農村社会衛生調査会『朝鮮の農村衛生』岩波書店 一九四〇年刊。

(44) 但し調査時点で陸海軍に軍属を含めて在籍しているものについてはこの数に含まれていないことが凡例に含まれている。年齢および従業上の地位別人口、無職人口、学歴別人口などが日本人・朝鮮人別に集計されている。

(45) 戦時労働動員は強制連行、民族差別、強制労働の三つの要素を含む概念として使う。山田昭次、古庄正、樋口雄一『朝鮮人戦時労働動員』二〇〇五年、一二一ページによる。

(46) 農業要員指定制度については一二六ページを参照されたい。

(47) 拙著「戦時下朝鮮における女性動員」『植民地と戦争責任』早川紀代編　吉川弘文館所収を参照されたい。
(48) 朝鮮銀行調査課『朝鮮農村の再編成について』一九四二年八月。
(49) 戦時労働動員下にも日本への自由な渡航は認められず、厳しい渡航制限が実施されていた。渡航を諭止された人々が農村に多く滞留していた。すでに農業では生活が困難な人々が多かったのである。
(50) 拙著『戦時下朝鮮の農民生活誌』社会評論社刊　所収資料1「農村における強制連行労働者選別基準」を参照されたい。
(51) 要綱については外務省外交資料館蔵『本邦農産物関係雑件　農産物作柄状況　外地関係』一九四四年　茗荷谷文書による。

第三章　戦時末期朝鮮総督府の農政破綻

第一節　農業政策の転換

1　農政転換の概要

前章で見たような三年連続の凶作は自然災害・肥料・農具・労働力不足によって著しい米の減収となって表現されることとなった。それは「韓国併合」以来継続してきた朝鮮農業の米単作地帯化、日本式稲作農業の展開といった農政の転換を迫るものとなっていた。この背景には肥料不足の解決が困難なこと、同時に農具不足の深刻化、極端な労働力不足などの諸問題を解決する見通しがなくなったことにあった。戦局全体も不利な状況になり、米不足は一層困難になり解決の道が求められた。一九四四年までの農政のまでは凶作がさらに深刻化して、米穀生産のみならず加速する深刻な食糧不足の不安からも逃れられなかったのである。総督府は一九四四年の凶作が明らかになってから新たに米の増産と食糧増産のために畑作物に力点を置くような政策展開を考え始めていたと思われる。これに答える一つの農法を提起したのは朝鮮総督府農事試験場沙里院支場長の高橋昇の研究によって試みられていた水稲畦立栽培法（次頁図参照）

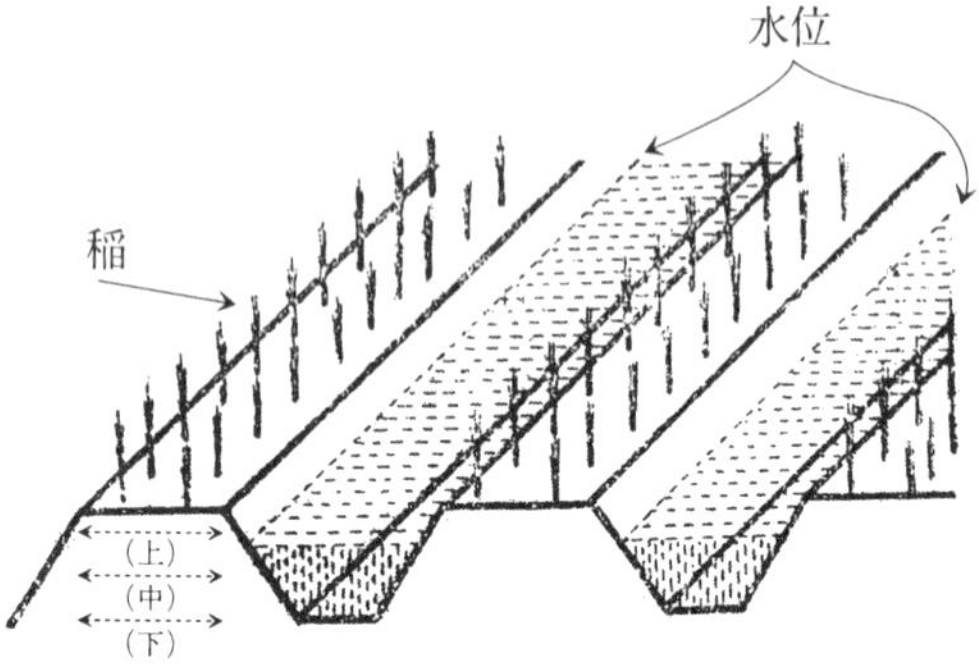

畦立栽培法の概図
『朝鮮農会報』1944年10月号
高橋昇「水稲畦立栽培法の理論と実際」
上、10-13から。

を天水田[1]の一部に採用することによって自然災害から逃れ、米の生産を保障することであった。従来は一律に日本と同様な平畦水稲栽培法を採用していたのである。天水田の畦立栽培法への転換面積は一九四五年度には一五万町歩と計画されていた。この農法はすでに朝鮮で行われていた地域もあり、日本の一部でも行われていたとされている。いわば朝鮮の気候、風土にあった農法であり、朝鮮の在来農法を取り入れた手法であり、この採用は大きな農政政策の変更とも言えた。

朝鮮総督府は水稲畦立栽培法の採用と同時に天水田の一部を畑作へ転換することを方針としたのである。天水田のなかでも常習旱魃田とされているところを畑にするという方針で一〇万町歩を畑地にする方針を示している。第一章で見たように朝鮮農民は従来から米のみではなく、各種畑作物、麦、粟、藷類など多彩な畑作物を主食のなかに取り入れてきたのである。しかし、こうした畑作物の改良は総督府が各地に設置していた農事試験場では軽視され、稲作関係の試験報告が極めて多かった。だが、食糧不足と日本への米の移出の代替え食として畑作物に重点を置かざるを得なかったと考えられる。合計二五万町歩の変更を一九四五年度から実施することとなったのである。

このことは朝鮮における米生産・食糧生産の重要性もあって一九四五年四月に阿部信行が朝鮮施政について上奏する際に天皇に報告されている。

また、肥料不足を反映して米自体の品種を多肥多収品種から小肥多収の品種へ変更する方針を打ち出している。

農法の変更と同時に農民に対する米穀の一九四五年度の供出対策要綱についても「改訂」を行った。主には三反歩以下の農民から供出米を取らないこと、供出米から自家消費分を差し引いて供出するがこの自家消費分の自由処分を認めること、としたことなどを決定した。三反歩以下の農家は四八万戸もあり、決して少ない数ではなかった。いずれも強制供出が農民の食糧事情を悪くしていた要因だったのである。米は一切自由処分が認められていなかったので高値であった米を農民が売り、安い粟などを購入して飢えを凌ぐ手段もなくなっていたのである。一部経済統制解除とも言える処置であった。こうした厳しい処置に朝鮮農民たちは、農業生産に希望を持てなくなっていたので総督府はなんらかの対策を採らざるを得なくなっていたのである。

2　阿部総督の農政転換上奏

一九四五年に総督府の農業政策転換についてはそれまでに見られないような大きな変更を伴うものであ

った。しかし、この画期的とも言える戦争末期の農業政策の転換についてはこれまでほとんど論じられていないのが現状である。一九四四年から四五年にかけての研究は韓国の諸研究を含めて少ないのが現状で、韓国内の労働動員実態などについては少し調べられているが、一九四五年の農業政策転換については研究書は少ないのが現状である。この時期の農業の実状についてはなおさら研究されていない。また、ここでは直接ふれないまでも朝鮮人処遇「改善」政策の転換を視野に入れながら検討したい。また、限られた資料の範囲での検討であるが朝鮮民衆、特に農民行動がもたらした結果としてこの農業政策転換を位置づけて論じたい。単なる三年連続の凶作の結果採られた政策ではなく、朝鮮農民の動向がもたらした結果としてこの農政転換が提起されていると考えられるからである。

まず、農業政策の転換について確認の意味で阿部信行朝鮮総督の天皇に対する上奏書から検証を始めて行きたい。もちろん、天皇に上奏する前に総督府は「緊急食糧増産対策要綱」を発表し、これに上奏した新たな農業政策への対応が述べられている。これは一九四四年度後半になり、三年連続の凶作が明白になってからの対応策で、それまでの総督府農業政策を転換する端緒を示唆しているのである。

阿部信行朝鮮総督の天皇に対する上奏文が起案されたのは一九四五年四月一八日であった。就任して九カ月後のことである。この文案概要に忠実に天皇に上奏されたと考えられる。内容は、一、一般人心の動向　二、陸軍徴兵制の成績　三、学徒の勤労動員と其の実績　四、義務教育実施準備　五、昭和十九年度における各種生産増強の状況　六、労働事情　七、交通輸送　八、朝鮮在住民の処遇改善　九、対外関

係　十、防衛対策という構成になっている。農業問題は、第五項の昭和一九年度における各種生産状況の（へ）項に食糧生産という項が建てられている。この項に含まれている内容が農政転換の中心部分となっている。この全文は以下の通りである。

「へ　食糧生産　昭和十九年度米穀の生産責任数量は二千六百万石なりし処　天候不順の為約一千石の減収をし内地移出に付いても多大の困難を生じたり　本二十年度に於いては平年作柄を基準とし生産責任数量を二千三百六十万石と決定し土地改良事業の充実　並びに耕種法の改善等の処置を強化し之が達成を期することとせるが之と共に旱魃対策として全鮮十万町歩に亘る常習旱魃水田は之を畑に転換し収穫の安定化を図ることとせり　なお、耕種法の改善に付いては差当り鮮内水田面積の約一割、十五万町歩に付従来の平畦栽培法を改めて畦立栽培に依る増収を計画中なり　其の他麦類、大豆、粟、甘蔗、馬鈴薯、繊維作物等就中麦及諸類の雑穀、畑作物に付極力増産の達成に遺憾なからんことを期し居れり（2）」

この上奏文では常習旱魃水田対策と天水田対策の二つを提起しているのである。

天皇に対する上奏とは総督府政策の総括的な報告書であり、戦時政策の重要な内容が含まれていると言える。米の生産については「内地移出」について困難を生じるような凶作が四二年から始まり四四年度も一六六〇万石の生産にとどまり、日本への移出量は一九三九年に次ぐ少なさであった（第二章、第15表を参照されたい）。上奏文では、この原因を天候によるとしているが、一九四二年度を除けば新聞等や総督府報告書では自然が原因と見られる大災害ではなく、四三年度、四四年度ともに部分的な災害であり、農業労働力、肥料、農具不足といった複合的な生産減退要因の存在が考えられる。この生産責任数量を減少させた原因は肥料不足であると説明している文書もあるが、労働力不足や農具不足や経済的にはインフレの進行が存在したことから、朝鮮農業の総合的な生産力の低下であったと判断される。一方では戦時下の朝鮮を含めた日本の食糧不足は深刻になり、新たな食糧対策が求められていたのである。

当然のことではあるが三年連続の凶作という深刻な事態に天皇への上奏以前に総督府は対策を立案していた。一九四四年に策定された朝鮮農業計画要綱に基づく朝鮮農業計画実施要目には米の生産課題として灌漑改善とともに耕種改善が取り上げられ、品種の選定の次項に「純天水田の作付転換」が掲げられており、「将来水利施設不可能の天水田は寧ろ畑作に転換せしめるを食糧増産上効果大なりと認めらるるを以て之が措置を講ずるものとす」(3)としている。

具体的には一九四五年の一月初めに総督府白石農商務局長は新年度農政の重点方針を明らかにして、第一に「畑作中心主義」に置くと明らかにしているのである(『朝日新聞』西部版の南鮮版、一九四五年一月十日付)。さらに前日の一月九日付ではそれまでの「米作一本の因習を一擲—麦やお藷の大増産へ—」として畑作物重点増産計画を予算処置を含めて発表しているのである(前掲同紙一月九日付)。その後も「半島もお藷の増産—旱害水田(天水田—筆者注)の転換や貯蔵に万全」(同紙二月四日付)などが三段抜きで報道されているのである。

不安定な収穫が予想される天水田は安定的な収穫のある麦、甘蔗などの栽培を実施して畑として有効活用しようと提示しているのである。それまでの天水田での米の栽培優先政策から限られた範囲ではあるが畑作転換をするという政策変更であった。こうした方針転換を前提に基本的には農業生産向上を図り、食糧生産を維持するために二つの方法が考えられたのである。

第一の方法は雨水のみに頼る天水田の畑作転換である。

3　常習旱魃天水田の畑作転換

第一の方法は水利設備のない天水田の内、常習的な旱魃を受ける天水田に対して畑作転換が行われようとしたのである。常習旱魃天水田対策である。朝鮮における稲作作付け面積の五一パーセントは天水田であったから植え付け適期に雨が降らなければ凶作になり、旱害となったのである。この天水田のうちの特に常習旱魃天水田五〇万町歩の内、二〇パーセントに相当する一〇万町歩について畑地とする決定がされたのである。一〇万町歩の米作から他作物への転換政策は、それまで進めてきた米中心主義の朝鮮農政の転換を図る画期的なものであったと位置づけられる。

この政策転換については当時の農政関係者にも重要なこととして受け止められ、朝鮮総督府農業試験場の和田滋穂はこの政策について次のように述べている。

「天水田対策に就いては従来多くの人々に依って、研究論議されたところであって、今回本府の採らんとする常習旱魃田の畑作転換或いは乾水田式直播栽培、早期代作の作付等何れも新しい事ではないが、本府が具体的方針を樹て之を実施せんとするに至った事は決戦時局の要請に依ること勿論であるが、半島の米作に対する記録的施策と謂うべく、遠くは李朝時代の稲作に於ける移植栽培の禁令、近くは昭和九年頃内地に起った稲作減反問題などとも思い合わされる米作史上の重要記録と謂い得るであろう」(4)

和田の指摘のように総督府農政上で米の単作政策を遂行してきた政策から一〇万町歩の畑への転換は大きな方針変更であった。

こうした畑作への転換は小麦、藷、豆などを植え付けて食糧不足の解消に役立て、米の消費を押さえてその分を日本への移出に廻そうとしていたと考えられる。

しかし、常習天水田を畑に転換するというのは簡単なことではなかった。畑は植え付け作物の多様性、作物種類の多さ、手入れの手法の複雑さ、それに伴う畑作物栽培経験のある労働力の確保、深く耕地を耕すための深耕犁の確保など多くの課題が解決しなければ困難であった。いずれをとっても戦時下には困難なことで肥料不足、労働力不足のなかにあり、この政策転換に大きな役割を果たしていた高橋昇は農具の点で言えば畑作にも必要な鉄製犁の不足解消を主張していることにも示される。

4　第二の変更、天水田の水稲畦立栽培法への転換

上奏文の第二に提示されているのは天水田面積の一割、一五万町歩を畦立栽培による耕種法に改善するとしている点にある。水稲畦立栽培法は高橋昇によって提唱されており、高橋昇は『朝鮮農会報』に「水稲畦立栽培法の理論と実際」を書いている(5)。高橋昇は在来農法の伝統を取り入れながら新しい農法を提示していると考えられるのである(6)。

この栽培法は天水田に畦を作り、土地の条件によって畦の上や溝に稲を植栽し、旱害からの影響を少なくしようとする朝鮮の実状にあった農法であったと考えられる。基本的な方法としては幅の広い畦を作り、高い畦の部分に畑作物あるいは水稲を植えて溝の部分に水稲あるいは畑作物を移植するという方法である。溝の部分には水がたまりやすく、水稲作が比較的に安定的に栽培されるという手法であった（一三六ページの図を参照されたい）。

高橋昇の提起の趣旨は天候と肥料不足、労働力などのこの時期に朝鮮を取り巻いていた条件から、天候や肥料不足に左右されにくい農法として考えられたものであり、それは伝統的な朝鮮農法を取り入れながら、朝鮮の気候、風土にあった栽培法の提示に他ならなかった。高橋昇の全羅南道飛島干拓農場の試験結果では平畦法との成績の違いを第35表のように表している。

この試験は飛島干拓農場の実験結果であるが、総督府沙里院農業試験場支場でも同様な高い収穫率を上げる結果となった。高橋昇は水稲畦立法について「畦立栽培法は常に平畦栽培法に比較して顕著なる増収

率を示し、殊に畦立栽培の水稲に比較して、却って旱魃の抵抗性大なることは注目に値する処であり、朝鮮の稲作は畦立栽培法の適用によって急速なる増収を期待することが出来る(7)」と結論づけている。

この高橋昇の提案を生産増強のために総督府が取り上げたのである。これも朝鮮における水稲平畦栽培中心主義の政策からの転換を示している。水稲畦立栽培法で水田面積の一割、一五万町歩を耕作する、というのであるから農業政策としては画期的な方針転換とも言えるものであった。大きな実験でもあった。

一九四四年、総督府は朝鮮全体で水稲畦立栽培法の実験を行っている。「全鮮内に二百数十ヶ所、面積三百町歩以上に試作が行われ(8)」たとされており、こうした実績を元に一九四五年度の実施に至ったのである。

この水稲畦立栽培法は朝鮮における稲作、特に三年連続の凶作下に救世主的な手法として登場し大いに期待されたのである。「高橋博士提唱に係る水稲の畦立栽培法は水稲の生理、生態的要求を充足して常に強健正常なる発育をなし、旱害、水害、冷害、塩害等諸種障害の顧慮多き半島の稲作殊に問題の天水田対策樹立上一大光明を与うるものというべきであり(9)」と絶賛している。

こうした経過を経て一九四五年に一五万町歩の天水田に水稲畦立栽培法が実施されたことは確実である

第35表　畦立農法による試験結果

区別	反当収量（籾、石）	同上比
標準平畦区	4.89	100
畦立区	6.90	141

＊　高橋昇「水稲畦立栽培法　上」『朝鮮農会報』1944年9・10月号による。

と思われるが、朝鮮の解放後にあたる収穫期の成果についての文献的な証明が出来る資料は発見されていない。

一九四五年一月には「米作一本の因習を一擲」し畑作に力を入れるとか、二月には講習会が開催され、三月には排水路の工事が始められているということが新聞報道で確認することが出来る程度である。

なお、水稲畦立栽培法は日本国内でも一九四五年以降に雑草問題、肥料不足、人手不足などの要因から普及しなかった。この栽培法の提案者高橋昇はその後、雑草問題について論じている。この水稲畦立栽培法の問題については朝鮮農会報の後継紙である『朝鮮農業』一九巻一号、一九四五年二月刊に「天水田の田転換問題特集号」が組まれ、このなかに佐藤照雄「天水田対策について」があり、高橋昇の水稲畦立法について「水畑折衷式栽培法」として水稲畦立法が紹介されている。

第二節　農政転換の意味と農民

1　農政転換の意味するもの

こうした稲作中心主義の農政が転換を迫られたのは、(1)一九四二年度から三年連続で継続した凶作、(2)日本国内への米移出の確保が必要であったこと、(3)一九四一年末から始まったアジア太平洋戦争で軍用米が不足していたこと、(4)朝鮮内の軍需工場などで朝鮮内の米需要が高くなったこと、(5)朝鮮内で米需要を低く押さえ、代替え食物の供給が必要になっていたこと、(6)朝鮮内の食糧不足が深刻化したこと、(7)日本

第36表　天水田の割合

水田総面積	水利安全田	水利不安全田（灌漑設備有り）	天水田（天水のみ）
176万町歩	86万８千町歩 49%	36万７千町歩 21%	51万７千町歩 30%

＊　朝鮮総督府農林局『朝鮮の農業』1941年版から。

の稲作農業の発展は豊富な労働力と肥料を十分に与えることによって維持できたが、朝鮮でも同様な手法で水稲単作を遂行したが、戦時下に労働力の日本などへの動員、輸入肥料配布率が朝鮮には低かったことなどの条件から生産が減少したこと等の要因が存在した。いわばそれまでの稲作中心の農政では戦時体制を支えきれずに破綻に直面して農政の転換が必要になったのである。農政転換の中心的な課題になっていたのは朝鮮の農業生産の隘路になっていた天水田対策であり、一部は畑作転換で、もう一つは朝鮮の在来農法の一つであった水稲畦立栽培法に見られるような作付け方法の転換であった。

天水田が耕作地の五一パーセントを占めて朝鮮における豊凶作を左右する決定的な要因であったことは度々論じられている。朝鮮の水利安全田は四九パーセントにしかすぎなかった。水利不安全田と天水田を合わせると五一パーセントに達していたのである（第36表）。こうした事態にもかかわらず天水田対策は溜池用水・水利対策のみで、それは進んでいなかった。天水田の割合は第36表に見られる通りである。それまでは総督府農政の基本は水稲稲作地帯の拡大を行い、朝鮮を稲作単作地帯として位置づけるという日本を中心に据えた政策が基本になっていたのである。土地調査事業によって稲作地帯を策定し、大規模な米の増産体制を作り上げて、米の生産は上昇していた。しかし、戦時下の朝鮮社会の経済・社会状態の変貌・農民の動向から農業生産そのものが危機に瀕していたことを反映した政策変更であったと位置づけられよう。

一九四二年からの凶作で一千万石近い減収が続き、対応策が考えられたのである。

この凶作は天候、肥料不足、労働力不足などの要因によって引き起こされていたという側面も存在するが、稲作中心の政策に根本的な原因があったと考えられる。総督府は米の増産にはさまざまな施策を用いてきたが、畑作については水田の裏作としての麦などの一部作物については改善を行っていたが、畑作全体については在来の方式を踏襲するにとどまっていた。総督府は畑地の多くを天水田として利用するように政策的に押し進めていたのである。もちろん、米を商品として輸出し利益を得ることを朝鮮農業生産の基本的な構造にしていたという条件が前提として存在している。

こうした方針転換はそれまでの稲作中心の総督府農政の転換であったと同時に戦時下の労働力不足、肥料・農具不足、農民の生産意欲減退、などの諸要因から稲作農政の失敗を意味していた。

この失敗の最大の要因は朝鮮農業の特質を無視した稲作中心農政の破綻でもあった。これをいくらかでも挽回しようとしたのが、常習天水田の畑への転換と天水田への水稲畦立栽培法の実施であった。この畑転換と水稲畦立栽培法は朝鮮農業の特質を生かした栽培を行おうとしたと考えられる。朝鮮の気候、地質、伝統的な農業法などの特性を生かした稲作から畑作への転換と水稲畦立栽培法の適用を行おうとしたのである。

以下に水稲から畑への転換の必要性と朝鮮の畑作の状況について検証し、高橋昇の水稲畦立栽培法が朝鮮の伝統的な天水田における水稲栽培法をどのように生かしていたのか、を考えていきたい。まず、畑作農業の持っていた朝鮮農業のあり方との関連を見てみよう。

朝鮮における畑地農業は極めて優れた特徴を持っていたのである。高橋昇の水稲畦立栽培法の重要な資料になった平安北道の畦立栽培の方法は朝鮮の伝統的な栽培技術であったことからも説明しうるのである。

2 朝鮮在来の畑地農業

朝鮮における耕地は水田約一七六万町歩に対して畑地は約二七六万町歩、火田約四三万町歩になっていた。合計四九五万町歩であった。火田を含めた畑地は約六四パーセントにもなる。農民、特に小作農民にとっては米に比較して小作料の割合が低かったこともあり、また、商品としても畑地作物が重要な役割を果たしていた。

朝鮮の畑作農法について、その優れた点について総督府が編纂している『朝鮮の農業』一九四一年版では冬作について次のように認めている。朝鮮は寒暖の差が大きいこと、降雨の差があることなど地理的には複雑である。主要な畑作物も地域によって大きく異なり、作付け方法も著しく異なっている。米の良く出来る朝鮮南部と麦作などが中心の北部など地理的な条件は複雑である。こうした気象条件に対応するために独自の工夫を朝鮮農民は地域ごとに生み出していたのである。

冬の畑作については「農家は多年の経験により最も合理的で且つ簡易なる一種の耐寒耕作法を会得し土壌中の僅少の水分と雖も之を悉く作物の生育に利用せしむる様周密なる工夫を為しつつあるが如きは内地の田作（畑作－筆者注）に於いては到底見ることが出来ない処である。また、夏作物は雨期の過湿に備えて一般に畦上に播種せられるけれども冬作物は之に反し冬季防寒と春期の乾燥予防の見地より畦間の低所に播種せらるるが如き皆気象を考慮して行わるる合理的耕種法である。(10)」としているのである。

朝鮮農民が創造してきた地域の特性を生かした畑地農法が存在していたのである。

畑地作物は朝鮮農民にとって、特に小作農にとつては米以上に重要な役割を果たしていた。小作農の大半は米の収穫期は別にして、後は小麦、大麦、藷類などを主食にし、それらを併せて混食していたのである。また、大豆は味噌の原料になり動物性のタンパク質を採れなかった農民の大半は、大豆に含まれる植物性タンパク質によって生命を維持できたのである。朝鮮の大豆は良質で日本にも移出されていたが朝鮮内の消費量を不足させる結果になっていた。朝鮮北部では麦作付けは少なく気候に合った粟、馬鈴薯、稗などの栽培が盛んであり、これらも食用に工夫されて朝鮮人の食を支えていた。

しかし、良く工夫された農法で畑作が行われていたところにも総督府は稲作を普及させようとしてきたのが総督府農政であった。

稲作については試験、研究はもちろん品種の改良、稲作技術、収穫管理まで改善が試みられ生産量から見ると反当収穫量は総督府体制になってから倍増していた。収穫高も平年作でほぼ倍増していた。同時に干拓、水利設備の拡充などによっても従来の畑地が水田になった場合もある。米の生産力は増大していたと言えよう。

畑作物も耕作面積は増加していたが、水田の作付け面積ほどの増加率ではなく一九三七年時点では畑地は三九五万町歩（水稲裏作三八万町歩を含む）であった。畑地は水田約一六五万町歩に較べて倍以上の耕作面積を持っていた。しかし、総督府体制になった当時の畑作面積は三〇九万町歩であったから畑地が増加したのは八九万町歩にすぎなかった。約三分の一弱ほどしか増加していないのである。朝鮮南部地域の人口増加と土地の細分化が進行し、それに伴う畑地増加も要因の一つであったと考えられる。米は商品化して日本へ移出され、このために朝鮮では麦を中心にした「雑穀」が不足して「満州」から粟などを移入しなければならなかった。総督府は稲作に比較すると格段に畑作については関心を持たなかった。一応、総督府は一九三一年から畑作改良増殖計画をたて対応していたが一部以外には見るべきものがなかった。食糧不足を背景に一九四一年からは改めて五カ年計画が建てられていた。

しかし、総督府の畑作農政とその結果としての状況については「元来朝鮮の畑作改良が稲作に比し非常に遅れて居ると云われるのは始政以来稲作偏重あったと云うばかりではなく、畑作は非常に勤労技術を要するからで、稲作は移植さえすめばどうかこうにかして秋には幾何かは採れるが畑作ではほとんど不可能で、間引き、除草、中耕等々惰農では手におえぬ。結局原始的な耕種で僅少の生産より挙げ得ない現状である」(11)としている。

この論文で指摘されているように総督府は日本に移出できる商品価値のある稲作中心で畑作については放置状況にあったと言える。農民にとって主食になっていた「雑穀」に対しては無関心で、改良の努力は麦の一部に事例を見出され得るのみである。

畑作は一般的に稲作の五割を超える高率小作料と較べると小作料は低くなっており、小作農民にとっては畑作物が生活を支える手段ともなっていた。また、麦作については米作の裏作としても作付けが行われていた。また、一面では小作料が少ないため地主が畑作に熱心ではなかったという側面もある。こうした畑作物は朝鮮農民生活にとっては極めて重要な意味を持っていた。

3　朝鮮の畑作物と農民

朝鮮農民にとっては米を主食にしているということより、大半の農民は畑作物の組み合わせによって主食としていたと言える。一般的に小作農民にとって米は収穫期の一時期と特別な祭事に食べることが出来たのみで畑作物が主食であった。畑作の中心作物は麦であった。したがって麦が朝鮮農民の主食とも言えた。

麦　大麦（南部）、小麦（中部）、ライ麦（中部・南部）等の種類があり、地域によって作付け種類が違うが南部から北部まで栽培されていた。朝鮮の畑作物のうちでもっとも大きな役割を果たしていたのは麦であった。麦は畑作の作付け面積でもっとも大きな割合を占め、南部各道では四〇パーセント以上で、慶尚南道では四七パーセントにもなっていたが、北部になるほど比率は少なくなっている。大麦・小麦併せて一二〇〇万石の収穫があった。朝鮮産の小麦は成熟期の気候が乾燥しており、良質の小麦で「カナダ小麦」に匹敵すると評されている。(12)

麦作の場合は米作と違い季節的に旱害等の影響を受けることが少なく、農家に平均的な収穫をもたらす点もあり、朝鮮農業にとっては重要な役割を果たし、在来から作付けされていた作物であった。

一九三九年の大旱害のときや一九四四年度の米の凶作時に米の収穫が出来なかったところでも麦は平年通り収穫があり、これによって農民の食糧が確保されたという側面もある。それにもかかわらず総督府の麦作についても改良努力の痕跡と実績は少ない。総督府水原農業試験所で作られた太田六角などの麦の優良品種が作られているが、朝鮮全体に普及されていたわけではない。また、ライ麦は醤油の原料ともなり、麦藁は屋根材としても広く農民に使われている。小麦は水田の裏作として栽培することが可能で耕作面積、生産額は水田面積の拡大とともに大きくなった。

大豆　朝鮮大豆は良質であり、朝鮮の気候も大豆栽培に適していた。朝鮮全体で栽培されていたが朝鮮南部では麦の後作として栽培されていた。朝鮮のどこの農家でも栽培し、味噌を造る際には欠かせない農民にとっては必需品であった。七〇〇万町歩に作付けされ、生産高は四〇〇万石に達していた。この内、一〇〇万石ほどは毎年日本に移出され豆腐などの原料として広く使われていた。小豆も広く栽培され、多くは米・麦のなかに混ぜて食べられていた。これら豆類についても総督府農事試験場でいくつかの研究成果があるものの、大きな改良は行われなかった。

緑豆も生産されていたが消費量には不足しており他方面から移入していた。生産は一三万石であった。

粟　朝鮮全土で栽培され、済州島でも多産し朝鮮北部までの七〇万町歩で栽培され、五〇〇万石ほどが収穫されていた。粟は生育温度に適用性が高く生育期間が短いという特性を持っており、一九三九年の大旱害のときに七月に植えられ、大きな収穫があった。間作も盛んに行われるようになっていた。農民の重要な主食糧でもあった。

蕎麦　一〇万町歩で作付けされ六〇万石が収穫されていた。朝鮮中部で栽培されていた。水稲の代作になっているところもある。

玉蜀黍　朝鮮中部で栽培されて、コーンスターチの原料になっている。収穫後は牛の餌にもなった。農民の混食の対象にもなっていた。

燕麦　朝鮮北部で栽培されて、主要な食糧になっていた。この時期には軍の馬糧としても使われてきていた。

馬鈴薯・甘蔗　馬鈴薯は高冷地帯から南部の米の裏作として栽培され作付け面積一二万町歩、一億五千万貫以上生産され、朝鮮内で消費されていた。甘蔗は作付け面積四万五千町歩、八千万貫の収穫があり大半が農家で主食の一部としても消費されていた(13)。

このように生産された畑作物の大半は朝鮮内で消費され、米と大豆の一部が日本に移出されていたのである。畑が農民の生命を支えていた重要な作物であった。こうした作物の大半は地域的な条件にあった在来の農法で栽培されていた。

いくつかの総督府農事試験場で畑作についての試験栽培などが行われたり、品種についての研究が行われていたものの、ほとんど改善されることがなかったのである。「朝鮮農会報」には戦時末になるに従って甘蔗栽培の方法などが紹介されているが、基本的には朝鮮の伝統的な農法に頼って畑作農業を展開していたのである。しかし、米作の単作化によって小麦の生産が微増したものの、大麦、粟など畑作物は一律に作付け面積、生産量は減少していた。総督府は朝鮮農民が必要とした畑作については改善策を講じることなく、生産は少なくなっていたのである。(14)

三年連続の米凶作を背景に天皇への上奏に見られるような一九四五年になってからの水田の畑作転換が行われたものである。一九四五年の畑作の「成果」を現在のところ知り得ないが、畑作については簡単に転作できるものではなかった。畑作は種類によっても異なるが、農民の技術・経験、肥料、農具、労働力などが稲作以上に必要となりそれらの確保は難しい状況にあった。

4　常習旱魃田の畑地転換の困難性について

一〇万町歩の常習旱魃田の畑作転換は四五年に実施されたと思われるが、田植えを終えた八月一五日に解放になり、実質的に総督府朝鮮農政は中断したと考えられる。しかし、それ以前は総督府地方農政組織などは崩壊しておらず、畑作転換は講習会などが実施されておりそれなりに実施されたと考えられる。この転換は実証的に研究されていないためにどのような結果になっているかは確定できない。しかし、いくつかの要件からこの政策転換が成功出来なかったと考えられる。これらの要件について述べておきたい。

（1）労働力の問題

畑作は田作に較べると必要労働力が多く、経験者が必要であった。作付け時期、作付け方法なども違い、地域によっても差が存在した。間引き、除草、中耕などが必要でこれらを経なければ増収は難しかった。しかし、当時は農村でも労働力不足が深刻になり、総督府は戦時農業要員の指定を行わなければならなくなった。労働動員指定から外すことを目的に一九四四年だけでも一三七、〇〇〇人の農業要員を指定して、農村労働力として確保しようとしていたのである。しかし、農村生活の窮迫と闇の高賃金誘惑には勝てずに農村労働力の不足は深刻化していたと考えられる。畑作に回せるだけの労働余力と畑作経験者の確保は困難であると考えられる。戦時下の日本国内で見られた女性と子どもと老人が働いているという農村社会の現象が朝鮮にも存在したのである。

（2）畑作農具の不足

畑作には深耕犁、レーキ、ハロー、鎌などの畑作用の農業用具が必要であった。水田より多様な用具が要求されたのである。しかし、この時期は水田用の農具も不足しており、それらの農具は統制され大農場や大地主の水田用に配布され、畑作を新たにしようとする小作農家が入手することは極めて困難であった。特に朝鮮における畑作は犁耕作が中心であり、犁先には鉄製の用具が付されていなければならず、こうした犁先すら確保することが難しくなっていたのである。基本的な農具の保障がないなかで畑地転換が行われたのである。

（3）肥料の不足

常習旱魃田であったところはもともと地力が落ちているところが多く、新たに畑作物を植え付けるには適度な肥料の投入が必要であった。肥料を投入しない畑作は地力を消耗し、次年度の増収は見込めない。しかし、肥料生産は外国に依存してきたことと戦争によって途絶しており、堆肥の製造などが奨励されていたものの水田用の肥料さえ深刻な不足状態となっていたのである。肥料の農家による自力生産が奨励されていたものの畑作用に廻す金肥などは捻出が出来なかったと考えられる。一般的にも水田よりも畑地の方が肥料を多くしないと成果は得られないので大量の肥料が必要であった。

（4）畑作物と供出・小作料問題

朝鮮では厳しい統制下に供出が実施されていた。生産物の大半は供出に廻されて、農民は食に事欠く有様であった。畑作転換しても同様な供出割当があるのは当然と考えられていた。しかし、これでは生産意欲が湧かず水田での米作にも影響を与えていた。このために次のように転換畑作物への供出割当を減ずるようにという提案すら存在した。「近来供出問題が米不作勝の為一層農民の生産意欲に反映して来た傾きがあるから、転換畑の生産食料に対する供出割当率は思い切りその畑が熟畑化するまで二・三年これを軽減することが百の指導に勝るように考えられる。為政の局にあたらるる方は思い切ってこの点検討されることを希う次第である」(15)としている。

大胆な提案であるが畑の小作料は少なく設定されていたため、地主が畑転換に熱心でないという側面も存在した。先の論文では増収分に対しては高率小作料を提案している。畑地転換をした畑の増収分を地主に分け与えるという提起であり、地主に田と同様な割合で小作料を納めさせるということである。これでは小作人にとってみれば畑地転換しても増収分の半分は地主にとられることになり、小作料は少ないものの畑地転換の魅力はなくなってしまう。

この供出と小作料問題の提案は矛盾しているが、いずれにしろ高率供出と畑地の小作料問題に手をふれずに畑地転換を行うことは、農民・地主に双方に問題を残す結果になったと思われる。実際にはこうした基本的な問題には手を触れずに畑作の転換が行われたと思われる。

第37表　朝鮮各道畑地転換実施予定面積

単位　町歩

道名	面積	道名	面積
京畿道	8,200	黄海道	2,800
忠清北道	5,800	平安南道	2,200
忠清南道	10,000	平安北道	1,100
全羅北道	10,600	江原道	2,300
全羅南道	16,500	咸鏡南道	1,300
慶尚北道	25,000	咸鏡北道	200
慶尚南道	14,000	計	100,000

＊　前掲和田滋穂「常習旱魃水田の田転換に就いて」『朝鮮農業』19巻1号　1945年1月号による。

（5）常習旱魃田の畑作転換地問題

天水田から畑地に転換するとしてもその天水田の質によって大きな差が生ずる。天水田が多いのは南部地域に集中し、それは水稲優先政策の結果であり、畑地とした方が良いにもかかわらず天水田としていたところもある。畑地転換は土の性格、すなわち土性に依って畑地にしなければ畑にしても効果は上がらなかった。また、畑地としての排水も良くしなければならなかった。土地改良が必要であった。その畑地にしたところでは何を植えれば収穫が上がるか、を検討しなければならなかった。総督府は畑作転換地を一律に決定しており、上からの畑地への転換であり、対象の土地の土性の分析を行って決定したわけではなく、短期間に複雑な転換地設定が出来たとは思われない。なお、総督府一〇万町歩の常習旱魃田の畑地転換実施目標面積は第37表のように設定されていた。繰り返しになるがこれがどの程度実施されたかについては確認ができていない。

こうしたさまざまな要因から総督府の計画が成功したとは言

い難いと考えられる。実際の「成果」については明らかではないが、急速な畑地転換では成し得なかったと考えられる。畑地転換という、このこと自体は総督府が朝鮮在来農法を無視できなくなった結果と考えられ、同時に朝鮮農政の米中心主義が転換を余儀なくされ、在来農法に変えようとした結果であると言えよう。

次に総督府農政が試みた水稲畦立栽培法について検討しておこう。

5　水稲畦立法と在来農法

水稲畦立法を提唱した高橋昇は、畦立の有利さについて前掲論文「水稲畦立栽培法　上」において、要約すると次のような指摘をし、畦立栽培法を推奨しているのである。

(1)　畦立栽培法の直播き条列栽培は平畦のような転植しなくても良いこと、なお、田の条件によっては移植する場合もある。

(2)　実験結果としてはいかなる場合も畦立てをすることによって平畦より生育、収量が多いこと。

(3)　平畦は肥料を均一に、全面に播く必要があるが畦立ては肥料が根の深い部分で吸収でき稲の廻りに播くことが出来ること。このために肥料の効果が高いこと。

この畦立栽培の実例を彼の本拠地である総督府農事試験場沙里院支場や滋賀県野州郡玉津村などや、平安北道鉄山郡の実例を調査して分析している。その上で高橋は乾田の場合、湿田の場合、漏水田の場合、用水不足の田の場合、干拓塩害田の場合に分けて分析、農具についてもそれぞれに適した道具を紹介している。施肥の場合も三層に分けて行うこと、人糞の場合は深層に播けば効果が継続することなどとしている。

栽培法、灌漑、中耕、除草、収穫に至るまで詳細な分析をしている。こうした水稲畦立法によって沙里院支場では畦立直播試験結果は平畦に比較して四割八分も増収になったと報告している。同様な実験を畦立移植田でも、半熟水田畦立移植法、用水不足田畦立移植試験などを行い、いずれも平畦栽培より多くの収穫をあげている実験結果になっている。高橋論文では技術的な問題についても論じられている。

農民の生活に重要な意味を持っていた裏作については、畦の側面に裏作物を植え付けられることから平畦より有利に作物を作ることが出来ること、技術的にも簡単なことなどをあげている。

この時期の朝鮮で稲作の重要な要素であった労働力問題については平畦法に比較して畦立法が省力的であることを実証し、作業ごとに分析している。また、水稲畦立法が朝鮮の天水田には非常に有効であるとの判断に基づいて論じられている。

この農法は畦を立てて朝鮮の気温、雨量などに適用することが出来る農法であり、その多くは在来でも行われてきた農法であった。また、高橋は朝鮮の土地と気象条件を生かしながら畦立農法を実施することを示唆している。このことはさまざまに引用されている。日本国内でも行われていた畦立栽培在来農法のあり方からも伺えるのである。これに高橋昇が工夫を加えて畦立栽培法を確立したのである。高橋昇も指摘しているがこの農法は未完であるとはいえ一定の方式を確立したのである。このなかでもっとも特徴的に指摘できるのは天水田を畦立栽培法にすることによって、先に見たような米の安定的な増収につながったことである。朝鮮農業、特に米の栽培にとっては天水田対策が豊凶を決定づける要因であっただけに高橋の提起は画期的であったと言えよう。

三年連続の凶作を前にして総督府も高橋の水稲畦立法を採用し、一九四四年度に「二百数十ヶ所、面積およそ三百町歩に試作が行われ」たのである。これが一定の成果を挙げたために天皇への上奏となったと考えられる。この高橋の論文が執筆されたのは一九四四年秋であり、この試作の成果が報告され、朝鮮総督府の決定を経て最終的な四五年四月の阿部総督の上奏になったのである。

6　水稲畦立法のその後

一九四五年に実施された水稲畦立栽培法による成果がどのようなものであったのかについては、これを裏付ける資料は発見されていない。特にどのような状況の水田（天水田か、水利安全田か）に植え付けが行われたのかについては明らかでない。したがって明確な答えを提示できないが先に指摘したような肥料、労働力などの問題から必ずしも成功しなかったと考えられる。特に肥料、労働力問題が改善されたわけではなく、むしろ一九四五年八月十五日以降の社会的混乱も加わって一層窮迫していたと考えられ、水稲畦立法の成果があったとは考えにくい。しかし、この農法によって小麦などの裏作については成果が上がる可能性があったのではないかと考えられる。いずれにしても具体的な成果を確認できないままに終わったと考えられる。この農法がどのように解放後の農業に生かされたどうかについても明らかではない。

阿部総督が天皇に上奏した農業における二つの方針転換、すなわち一〇万町歩の田の畑地転換と一五万町歩の平畦栽培法から畦立栽培法への転換は総督府農政のそれまでの米優先政策の失政を意味していた。この総督府農政失敗の原因は以下のようなことに求めることができよう。

第一に、畑に向いている耕作地を水田として米を増産させようとしたこと。

第二に、朝鮮農民にとって重要な意味を持っていた畑作改良をほとんど実施せず米の単作化を押し進めたこと。

第三に、日本国内で一般的に行われていた平畦栽培法を優先的に普及させ朝鮮の在来農法でもあった畦立栽培法を無視していたこと。

第四に、ここではふれなかったが耕種・品種についても日本で開発された多肥が必要な品種の取り入れが中心で朝鮮の風土にあった朝鮮在来種を無視していたこと。

第五に、商品になる米、綿花栽培を奨励し、農民の必需品である大豆、麦等の生産が減少することになったこと。

この結果、基調としては米の生産は増加したものの天候、肥料などに左右される弱い農業体質になり、三年連続の凶作をもたらし朝鮮農業の全体の弱体化を招いたと考えられる。この朝鮮総督府農政によって朝鮮農民には多大の犠牲を強いることとなったと同時に、社会・経済的混乱をもたらすこととなった。朝鮮総督府の水稲優先政策が朝鮮農業の発展形態にも阻害要因にもなっていたと考えられる。畑地農業の無視がその典型とも言えるものであった。

第三節　一九四五年度の米穀供出対策要綱に見る政策転換

1　戦時下米穀供出

朝鮮総督府は戦時下には毎年のように供出対策要綱を提示して、米穀供出の強化、徹底を図ってきた。本節では戦時末の供出対策要綱を検討することによっていくつかの変更点を提示して政策変更が広範囲に及んでいたことと、戦期末の社会状況把握を試みたい。

毎年「改正」された供出要綱によってその年の米供出の手段や方法が提示されているのである。米の供出は日本にとって死活問題になるという判断で、労働動員と並ぶ重要な政策であった。この米の供出は厳しく実施され、朝鮮総督府財務局長、水田直昌は実態について戦後になってからではあるが、次のように回想している。水田は一九三九年の大旱害後の米不足について述べた後に日本からの米の要求があったとして次のように述べている。

「どうしても朝鮮から食糧を送らなければ戦争はやっていけないと言う。ところが不思議なことには毎年々々凶作なんです。……ところが中央政府からは米を軍隊の食糧として送れ、朝鮮からは何百万石はぜがひでも米をよこせという要求熾烈なものがあります。それに対して総督府の幹部はこれは朝鮮人にとって木の実や草根木皮で命をつなぐという非常時が続くことになり大問題ですと陳情これつとめて拒絶したのですが、食糧が足らなくなったら戦争に負けるぞということになり、戦争に負けるということは絶対にあってはならぬ至上命令なんだからやむを得ず総督府がある程度力をもって食糧の供出を促したのです。これは彼等にとっては物質的には勿論精神的にも非常な負担であり、恨みであったのは、無理な戦争の継続のためであり、無念至極のことでした」(16)。

自己弁護にみちた文章ではあるが総督府の力による強制供出を認め、朝鮮民衆にとっては「物質的には勿論精神的にも非常な負担で」あったことを認めている。

水田が認めるように総督府は四二年から四四年までの三年間はそれまでにないような強権的な手法で朝鮮農民に供出を迫っていたのである。しかしながら、強権的な手法によって却って米の生産意欲が落ちて生産量が減少するという危機感が生まれていたのである。これは農民の離村の増加によっても示されており、また、一方では朝鮮内動員を含めた労働動員による農業を支える農民自体が減少するという事態が起きていたのである。米の生産手法における生産手段の政策転換、水稲畦立て栽培法の採用などと同時に米穀供出の手続きにも何らかの対応が必要になったのである。これは一九四五年度の供出要綱にその変更内容が示されている。

2　一九四五年の供出対策要綱

この要綱は一九四五年六月に決定されているので、実際には適用されなかったのである。しかし、要綱は戦期末の供出についての総督府の基本的な意志と方法、内容の変更などを示している重要な文書である。農民生活と朝鮮総督府の直接的な関係を供出という具体的なあり方で見るために、以下に要綱を提示しておきたい。

（朝鮮総督府農商）局長

農商省食糧管理局長
台湾農商　局長　宛

朝鮮に於ける米穀供出対策要綱送付の件

主要食糧の増産及供出の確保に付いては現下の食糧事情に鑑み之が完遂を図る要極めて緊切なるものある処朝鮮に於ける最近の農村情勢は茲両三年来の相次ぐ凶作に依り供出に対する農民の負担漸く過重となり却って農民の増産意欲を減殺せしむる虞《おそれ》なしとせざる実状にありたるを以て本年産米の供出に付き朝鮮総督府に於いては之が方法を改訂し別紙要綱によることと決定せし趣につき参考迄に及送付候也

別紙

米穀供出対策要綱

主要食糧の確保を図り農民の増産意欲を振起せしめるため現下の情勢に鑑み米穀供出数量の割当及供出方法に関し左記処置を講じ以て大東亜戦争下食糧対策の完遂を期せんとす

記

一　本府は各道の米穀の生産数量、供出実績及農家食糧所要量等を勘案し各道に対し米穀供出数量の事前割当を為すものとす

二　右割当数量決定の基準たる米穀生産量は最近の土地改良事業進捗状況及肥料事情等を勘案し格段の災害無き限り十分生産可能と認めらるる数量（以下米穀基準生産数量と称す）に依る

三　各道の割当数量は事前割当数量に依る事とするも格段なる災害により著しく減収ありたる場合は之が減量を考慮するものとす

四　道は事前割当数量の期するものとし能う限り左の諸点に留意し府郡島以下に割当を為すものとす

㈠　小作米は全部供出せしむることとし地主に対し割当つると共に小作人に通知するものとす　但し　五項の（一）の保有米に付いては此の限に在らざるものとす

㈡　割当総数量より小作米を除きたる数量は之を自作農及小作農に割当つることとするも耕作面積三反歩以下の零細農家に対しては可成割当を為さず自給自足せしむるよう措置するものとす

㈢　農家保有量の決定に際しては単に家族数による消費量割当に依ることなく耕地面積（主として

自作農）又は収穫高（主として小作農）を考慮すると共に麦雑穀等の保有量、牛、馬飼育の有無を考慮し生産者の営農努力の結果を尊重する効果を挙げ得るか如き方法を採ること

五　米穀供出の円滑、適正ならしむる為左の措置を講ずるものとす

㈠　地主（農場管理関係者を含む）をして食糧増産に積極的に協力せしむる為一人一日当三合程度の自家用保有米を認むるものとす　但し不在地主に付ては自家用保有を認めず一般人と同様基準に依る配給を為すものとす

農場等の常備労務者に対する食糧配給については別途考慮するものとす

㈡　供出完了後に於ては当該完了道（府邑郡面）内に於ける農家保有量の相互調整に資するため或程度の自由処分を認め隣保相助を勧奨するものとす

㈢　一〇〇％以上の供出者に対しては能う限り物資の特配を行うものとす

㈣　予想収穫高の決定に付ては公正的確を期するため農業増産本部を活用するものとす

この要綱は、前書き部分にあるように毎年のように続いた凶作の結果、供出が厳しく農民の負担が大きくなっていること、この結果として農業生産への意欲を失っているという虞があるという事実を前に要綱を「改訂」するとしているのである。

農業への意欲がなくなるということについては単に供出のみではなく、労働賃金のインフレ傾向や、農

産品に対する経済統制による販売・消費統制、労働者自体の不足など、さまざまな要因が重なって農業への意欲がなくなっていたのである。また、いくら米を生産しても農民が米を食べることが出来ないという状況になり、さらに農民が春窮期に食糧がなくなるという事態が深刻になっていたためでもある。凶作の要因は天候のみならず、肥料・農具不足に加えてこうした生産意欲のなくした農民の存在が大きかったのである。何らかの対応をとらなければさらに減産をもたらす結果になることを朝鮮総督府は認識していたというべきであろう。ここでは単に「改訂」としているが、内容的には政策変更とも言える大きな問題を含んでいる。

それは割当量を決定する際に自然災害などがあった場合は柔軟に対応すること、営農努力を尊重するといった文言に示されているように、農民に対してそれまでから較べると妥協的な側面が強くなっているのである。注目すべき点はいくつかあるが零細農民から供出を取らないこと、農家保有米は自由処分を認めるなどの画期的な政策変更について検証しておきたい。

3　耕作面積三反歩以下の農民に供出割当をしないことについて

朝鮮では一町歩以下の農民については零細農家として位置づけられているが、これは朝鮮の反当収穫が日本に比較すると約半分ぐらいであるためである。日本で言えば五反以下の耕作者である。この一町歩以下の零細農家、約一、八一四、八〇〇戸の内、三反歩以下の農家は四八八、二〇〇戸とされている（一九

第38表　3反歩以下の農家戸数と分布　　単位　百

地域名	3反歩以下の戸数	1町歩以下の総数に対する割合	1町歩以下の総戸数	全体の農家戸数に対する1町歩以下の割合	全体の農家戸数
京畿道	287	5.9	1,541	64.05	2,405
忠清北道	388	7.9	1,177	87.27	1,348
忠清南道	368	5.5	1,555	72.87	2,134
全羅北道	572	11.7	1,638	78.31	2,149
全羅南道	999	20.5	3,042	81.55	3,731
慶尚北道	801	16.4	2,748	80.60	3,410
慶尚南道	810	16.6	2,415	84.62	2,854
黄海道	94	1.9	777	32.30	2,403
平安南道	90	1.8	536	30.94	1,732
平安北道	112	2.3	718	37.11	1,937
江原道	274	5.7	1,281	58.92	2,174
咸鏡南道	73	1.5	523	31.54	1,659
咸鏡北道	14	0.3	152	20.17	751
計	4,882	100	18,148	63.27	28,687

＊　久間健一『朝鮮農業経営地帯の研究』（農林省農業総合研究所、1950年）などから作成。

＊　百戸以下は四捨五入した数字。

三八年現在）。三反歩以下の農家は小作人が大半を占めるが、この零細農家にも供出を割り当てていたのであるが、この要綱による改訂で三反歩以下の農家には供出をさせず、自給自足させるという方針を示したのである。小作人は小作料として地主に納めた米以外の保有米からも供出させられていたのである。本要綱ではその廃止を決めているのである。この方針を出したのは三反歩以下の農民の大半は食糧を自給することが出来ず、農民にも配給をしなければならない者がいたためであるが、そうした側面を除いても供出をしなくても良いというのは四二年以降の供出政策のなかでは画期的なことと言えたのである。一九三八年の資料になるが三反歩以下の農民数は第38表に見られるように約四八八、二〇〇戸に達していた。しかも、この三反歩以下の零細農分布から見ると朝鮮で米の生産量がもっとも多い地域である南部穀倉地帯諸道の比率がもっとも高いのである。穀倉地帯、全羅南北道、慶尚南北道を合わせると、全体に対する比率では六五・二パーセントにも達する。本表からのみでは三反歩以下の農家の米の生産量がどの程度になるかは明確ではないが、それなりの米の生産量があったと考えられる。この時期の小作農の水田と畑作の割合は南部穀倉地帯では五〇パーセント前後(17)の小作農が水田を耕作しており総合すればかなりの量となったと思われる。朝鮮総督府にとっては相当量の供出米の減少を前提にした政策変更であったと考えられる。

4　農民の米自由処分について

先の要綱第五項の㈡において供出後の米の自由処分を認めるとしているのは、一九四二年度食糧対策要綱で米の売買取引は一切、統制機関を通して行うことになっていたので自由な処分は出来なかったのである。供出後の農家に残されていた米についても道統制会社が買い上げることとなっていた。これは四二年度食糧対策要綱では供出の詳細な規則とともに供出以外の米については次のように示唆している。「浮動米穀」について「過剰道及び不足道に於ける統制米穀以外の米穀に付いても売却希望のものあるときは統制米穀に準じ買付けを為すものとす」と定め自由な取引は出来なかったのである。

自分が生産し、小作米を提出し、残った米についても供出割当があり、供出し、わずかな自家用米しか残らない仕組みになっていたのである。自家用米を販売して安い雑穀を購入して食糧を確保しようとしたり、米自体を販売したり、食糧が決定的に不足している親族に渡すことも禁止、取締の対象にされていたのである。自由処分を認めないために邑・面の道路などに監視員を置いて流通に厳しい制限を加えていた事例もある。統制外の米の自由な流通は出来なくなっていたのである。これを四五年度の要綱ではわずかに残されているにすぎない米の「農家保有量の相互調整に資するためある程度の自由処分を認め」ることとしたのである。

もともと農家保有量は家族の人数、その他の穀物の収穫量などを勘案して決められるとされていたが、米に関しては供出量を厳しく定め実施していたので残された自由処分の量は少なかったと考えられる。三年連続の凶作であったが供出自体は「供出令は文字通り至上命令とされ供出の完遂は勧奨よりも強圧強権を加えて強いられる場合が極めて多い状態」であり、(18)一切の米の自由流通を認めないほどの厳しさであった。こうした実態について名目的な自由処分を行わざる得ないような朝鮮社会の抵抗が存在し、それは多くの闇米の流通などに表現されている。

朝鮮総督府は米の日本移出と労働動員という二つの重要課題の内、米についても一部とは言え供出の停止、影響は少なかったと思われるが自由処分の認定などの譲歩を農民に示さなければならなかったのである。この要綱自体の趣旨が「農民の増産意欲を減殺」している状況に「米穀供出量の割当及供出方法」を変えて対応をしようとした意図によって作成されており、米の供出に関する政策的な変更を示しているに他ならない。内容的には農民に対する強圧的な米の収奪からいくらかの妥協的な方法を採らざるを得なかった朝鮮内の事情を反映するものとなっている。この要綱の妥協的な方法で朝鮮農民の生産意欲を刺激して農業生産が向上するということはあり得なかったと考えられる（外の諸条件、労働力、肥料、農具不足など）が、こうした政策変更という方法を採らざるを得ないほどの朝鮮内農民の状況が総督府にとっては深刻な事態になっていたことを示している。

この妥協的な要綱は日本の内務省管理局長や農商務省食糧管理局長、台湾農商局長にも報告され認知されていたのであり、当時の朝鮮からの米の移入がさらに減少し、日本国内の食糧事情がますます悪化することを意味していた。

もちろん、この要綱は四五年五月に決定しており、要綱が対象とする四五年の収穫は日本の敗戦後になり全く意味のないものとなった。

注

（1）天水田は雨水のみに頼る水田と灌漑設備があるが水利不安全田とされる田に分けることが出来る。本稿ではこれを総称して天水田と呼ぶ。天水田は朝鮮全体の水田の五一パーセントを占め、それだけに苗の植え付け適期に雨がないと大幅な減収になった。天候に左右され、むしろ畑地に適していた。総督府はこうしたところにも水稲作付けを奨励していたと考えられる。植え付け適期に雨が降らないと凶作になった。畦立栽培法は三年連続の凶作を前に急に取り上げられ、この畦立栽培法を主に天水田に適用して実施されたと考えられる。しかし、この水稲畦立栽培法が一五万町歩に実施されたのは一九四五年度であり、実際にどのような条件の水田で実施されたかについての資料は現在のところ発見されていない。

(2) ここで言う水田とは天水田で雨水にのみに頼る天水田、常習旱魃水田とは天候などにより平均すれば三年に一年のみが満足な収穫を得られる天水田を言う。耕種法の改善対象も天水田である。

(3)『本邦農産物雑件農作物作柄状況』外務省外交資料館　茗荷谷文書　一九四四年による。

(4) 和田滋穂「常習旱魃水田の田転換について」『朝鮮農業』朝鮮農会刊　一九巻一号　一九四五年二月刊所収。なお、和田には「天水田の耕種式改善に関する一構想」『朝鮮農会報』朝鮮農会刊　一九四四年一月号がある。

(5) 高橋昇「水稲畦立法の理論と実際　上・下」『朝鮮農会報』一九四四年、九・一〇合併号、一一・一二合併号に連載。

(6) この農法とその意義については柳澤みどり「「水稲畦立栽培法」考」『未来』二〇〇二年七月号、および高橋昇『稲作の歴史的発展過程――稲の栽培技術の歴史的発展過程』二〇〇六年に付された柳澤みどり氏の「解説」にこの農法についての優れた指摘がある。

(7) 前掲、高橋昇「水稲畦立栽培法　上」による。

(8) 前掲「水稲畦立栽培法　下」による。

(9) 佐藤照雄「天水田対策について」『朝鮮農業』一九巻一号。

(10) 朝鮮総督府農林局『朝鮮の農業』一九四一年刊　一三ページ。

(11) 庄田真次朗「旱魃水田に対する緊急食糧増産対策について」『朝鮮農業』朝鮮農会、一九四五年二月刊による。庄田は東洋拓殖株式会社の京城支社農業部勤務。

(12) 前掲『朝鮮の農業』一九四一年版による。

(13) 以上の数字については前掲『朝鮮の農業』一九四一年版によった。
(14) 畑作の減少率については李斗淳『日帝下朝鮮における水稲品種の普及に関する経済分析』京都大学農学部博士論文　一九九二年　一五六ページ、7－12表を参照されたい。豆類、雑穀は耕作面積、生産額ともに減少し、小麦の裏作が若干増加しているにすぎないとしている。なお、同論文では水稲優先政策が詳細に論じれている。
(15) 山本壽巳「常習旱水田の畑転換と食糧の増産について」『朝鮮農会報』一九巻一号所収による。山本は朝鮮興業株式会社勤務。
(16) 水田直昌『落葉籠』一九八〇年刊　一〇一ページ。水田は一九三七年から四五年まで長期に朝鮮総督府財務局長を務めた。水田が毎年と言っているのは太平洋戦争開戦後の一九四二年からの三年間で四〇年と四一年は平年作以上であった。
(17) 久間健一『朝鮮農業経営地帯の研究』（農林省農業総合研究所、一九五〇年刊）、第7表「階級別一戸当たり平均耕作反別表」による。
(18) 供出の厳しさについては拙稿『戦時下朝鮮の農民生活誌』社会評論社、一九九八年で述べている。供出についての「強圧強権」について言及しているのは、水野直樹編『戦時期植民地統治資料』第七巻所収　内務省嘱託、木暮泰用が朝鮮の民情視察をした結果を内務省管理局長に報告している「復命書」に使用されている。供出が略奪的であった側面を良く示している。
※なお、朝鮮農業に関しては韓国で多くの著作が刊行されている。最近ではアンスンテク『植民地朝鮮の近代農業と在来農業』新旧文化社　二〇〇九年刊などがある。

第四章　戦時下朝鮮農民の新しい動向

第一節　食糧不足を背景として

戦時下の朝鮮では戦時労働動員、米の強制供出、三年連続の凶作、徴兵などによって朝鮮人の暮らしは著しく困難になっていた。なかでも朝鮮のインフレ率は高くなっていた。こうした戦時体制の矛盾がもっとも強く影響していたのが朝鮮における食糧の窮迫であった。特に中国東北地区からの食糧品の粟などの移入が円滑に行かないこと、凶作による米の減産、米を含む農産品の強制供出などによって食糧事情は悪くなっていた。この事情について一九四三年一二月一五日付の『大陸東洋経済』に掲載された「日満食糧自給策の検討」という座談会で日本の農商務省食糧管理第一部長片柳信吉は「我々の方からすると、内地（日本国内）で諸とかいろいろのものを喰う時に向こう（朝鮮—筆者注）は現在の民度からして、もう少し何とか出来ないかと思いますね」と発言している。これに対して東洋拓殖農林課（朝鮮に置かれた日本の国策会社東洋拓殖株式会社）の坂本淳は朝鮮の食事情について次のように反論している。「しかし、内地では諸を食べておりますけれども、朝鮮で私がこの八月から九月にかけて食べたものは大豆粕—三年ほど経ったような、黴の生えた真っ赤になったものもありましたし、また、大豆、緑豆、高梁もありました。それから山のなかでしたが稗だけの飯も食べました。刑務所の当たりでは、ほんだわらという海草がありますが、あれの入ったパンも食べました。こういう風に非常に不味い雑穀を食べているようです。ですから内地の藷などは余程いい方だと思いますね。」としている。坂本は東洋拓殖株式会社の社員であり、彼が管下の農場などを廻ったときの体験であると思われるが、農商務省の幹部に朝鮮の食料事情を率直に語っているのである。

こうした状況は四四年、四五年になっても変わらず食糧不足は青年たちの体位にも影響していた。朝鮮の有力な紡績会社、朝鮮紡績は減配になるかもしれないとして、この原因について石炭などの輸送問題、部品の不足、などの理由を挙げて「軍需産業の急速な労務充足に伴い女工の不足、移動が激化し、加えて女工の体位低下が能率低下を極めて促進せしめている(1)」としている。こうした理由から操業率は前年と較べると六～七割になると予想している。

食糧不足が農村から供給される少女たちの体位にも影響し、企業の生産能力にも影を落とすようになっていたのである。

朝鮮では春の端境期になると食糧が不足する春窮民が多いことは知られているが、恒常的に生活が困窮していた人々は極めて多く、総督府が作成した忠清北道の細民・窮民数によれば一九四二年現在で道民総数九七〇、〇四八人のうち、二四五、七七八人、すなわち二六パーセントの人々が生活に困窮していたと

報告している。(2)

これは忠清北道に限らず全朝鮮における一般的な状態であったと考えられる。こうした朝鮮社会のなかにあって朝鮮人民衆は各種統制、動員などの枠組みを越えて生活擁護のための行動を起こしていたと考えられる。

ここでは深刻な食糧不足を背景とする朝鮮内の社会状況のなかで、それまでになかったような朝鮮人の社会行動についていくつかの事実から検証し、新たな朝鮮人の主体的な行動として位置づけて置きたい。

朝鮮のインフレ状況は戦時末には一段と深刻化していたが、条件の良い賃金を得るために活発に朝鮮内移動をするようになっていた。秩序のある賃金統制という総督府の課題は名目的なものになっていた。それほどに朝鮮人の移動・活動は活発になり、生活のために職場を変わるものが多くなっていた。賃金統制、経済統制などすべての物資が統制対象になっていたが、それらの大半は名目的になり、数倍の賃金と闇価格が公式価格のように流通していたのである。これに対して総督府当局も「一罰百戒」方式で対応せざるを得ないのが実状であった。

第二節　労働力不足下の朝鮮内闇賃金とインフレの進行

1　労働賃金の高騰

朝鮮全体に波及していた食糧不足を背景に日本政府の労働者導入要求、朝鮮総督府の農民切り捨て・朝鮮内動員政策によって朝鮮農村から大量の農民が流出した。

第二章で見たように農村でも働く人が極端に不足するようになっていた。この朝鮮の労働者不足は朝鮮内にさまざまな問題を提起することになった。この一つが労働賃金の実質的な高騰であった。朝鮮総督府は戦時諸統制を実施していたが賃金についても公定賃金が存在し、表向きはそれに従っていたが、それでは労働者が集まらず闇の賃金で雇うことが公然と行われるようになっていた。必要な労働力が集まらない場合は当局も戦時に必要な労働力として黙認せざるを得ないようになっていた。農村でも年契約雇用労働者や日雇い労働者が多く働いていたが、こうした農村労働者はもっとも早い時期に日本などに動員されており、労働力は不足し、農村にまで闇賃金での雇用が一般化するような状況になっていた。

以下に具体的に京畿道での事例を見ておこう。

京畿道内では「近時労務動員の強化に伴い一般労務者の獲得極めて至難の実状にある」としている。これは「雇用主間に於て労務者の歓心を買うべく食糧品、衣料品等を提供して之が獲得に競争的となり必然的に有利なる条件を助成する傾向にあるため益々闇賃金高騰に拍車を加え公定賃金の四倍乃至十数倍に上がる闇賃金が殆ど公然として行われつつある状況にあり(3)」という状態になっていた。朝鮮内の徴用工たちも仕事を長期に休んで賃金が高いところがあれば行ってしまうという状態であった。

こうした京畿道内の一部の実態を、第39表で見ておきたい。大半の職種で実際の闇賃金とされている場合は二倍、あるいはそれ以上になっているのである。風評闇賃金という分類にしてある部分が実態に近いと考えられるが、その場合は三倍以上になっている職種が多いのである。

農業の場合でも実際の闇賃金は二～三倍になっている。風評賃金では四倍以上になっている。特に農村では三食付きがそれまでも慣行として存在し、その上に酒代も支払うことになっていた。このときの食事の内容は雇用者が常食している食事より、一～二品多くするのが慣行であった。特に米作の場合、天水田（雨水のみに頼る水田）が五〇パーセントを超えており、集中的な労働力の投入が必要であり、さらに五反未満の零細農は雇用されて田植えに参加したと考えられる。闇賃金で雇用される人は農業労働者に限らず零細農民も対象とされていたのである。

問題はこうした高い水準の闇賃金で収穫した農作物があっても農作物の大半は統制価格が決定されており、しかもその大半は実際の価格より安い公定価格になっていた。米などの場合は、わずかな自家消費米を除く全収穫量を供出しなければならなかった。一九四二年度以降は供出対策要綱によって供出を確保するために、農民は米の自由処分は全く出来なくなっていたのである。さらに供出価格は安い公定価格で買い取られていた。供出価格の代金の一割五分は強制貯蓄として預金させられ、自由に引き出せなかった。こうしたいくつかの要因から高い闇賃金を支払って米をつくっても赤字になり利益があるような経営は到底成立しなかった。戦期末の朝鮮では離村が多くなったがこうした経済的な側面が存在し、農業経営では農家経済が成り立たなくなったという背景が存在するのである。闇賃金はそれだけでなく多くの問題を派生させていたのである。

第39表　闇賃金の実状　　単位　円

職種	地域	公定賃金	実際の闇賃金	風評闇賃金	支払手段・方法
大工	京城	4.00	15.00	18.00	謝礼金・酒代名目支払
	仁川	4.00	8.00	10.00	謝礼金半額・昼食付
	郡部	2.80	10.00	15.00	謝礼金・酒代名目支払
土工	京城	2.70	8.00	12.00	同上
	仁川	2.70	6.00	7.00	同上
	郡部	2.50	5.00	9.00	同上
農業	仁川	1.54	8.00	9.00	三食付・酒代謝礼金
(田植)	郡部	1.54	4.00	7.00	同上
林業	開城	2.05	4.00	5.00	現場で酒代として支給
(製炭)	郡部	2.05	5.00	9.00	同上
沖仲士	仁川	3.48	10.00	12.00	謝礼金・酒代、先払い
	郡部	2.60	5.00	8.00	同上
貨物	京城	月給制	月給 300.00	月給 450.00	相当のサービス料名目
運転手	郡部	同上	同上 390.00	同上 500.00	同上

＊『朝鮮検察要報』9号　高等法院検事局　1944年9月号から作成。

実態としては「風評闇賃金」が実態に近かったと考えられ、賃金上昇が全職種に及んでいたことが判る。

一九四四年の一年前の記録であるが、比較する意味で関西在住の在日朝鮮人で一九四三年二月に朝鮮総督府文書課に就職した徐元洙さんの日記によれば彼の月給は四〇円であった。彼の賃金は第39表の貨物自動車の運転手の一〇分の一程度にすぎなかったのである。田植えを五日手伝えば徐さんと同じ程度の賃金を得られたのである。彼は生活できず親の援助を受けることとなった。また、安い下宿に変わらざるを得なかった。この公定賃金を守らなければならなかった総督府の役人と実際の労働者賃金の賃金の格差の原因は唯一、労働市場における労働価値の実質的な高騰に他ならない。この時期の賃金高騰の特徴として先に述べたような労働力不足による要因が決定的な役割を果たしていたと考えられる。戦時下にはもはや朝鮮人は「安価な労働力」ではなくなっていたのである。朝鮮では一九四四年に徴用が実施されるが、朝鮮内の徴用者の約半数は徴用解除処分になっていた。徴用者を行政が捕捉できず、何らかの理由で徴用に応じていないのである。行方をくらました者には検挙することが指示されているが、発見された場合、徴用職場に戻ることを約束させ、それを拒否した場合のみ検挙することにしていた。それだけ深刻な労働力不足状況だったと考えられるのである。[4]

新興所得層の力に頼む
慶南の新年度貯蓄目標決る
3億1千万圓

「新興所得層」の貯蓄力に依拠するという記事
『朝日新聞』西部版　南鮮版　1945年3月17日付による。

なお、闇の高賃金が存在しても朝鮮人の生活が豊かになったとは言い得ないような状態にもなっていた。単純なことであるが他の食品、衣料なども極端に不足して高価な闇でなければ手に入れることが出来なくなっていたのである。

日本への戦時労働動員、朝鮮内の動員によってもたらされた労働力不足から朝鮮内では闇賃金の高騰をもたらしており、同時に朝鮮のインフレーションを加速していたという側面があったことを指摘しておこう。

闇賃金を得ていた人々が多くなり、新聞報道によれば当局はそれを「新興所得層」と呼び、有力な税収対象としていた。また、貯蓄が目標を定めて強化されていたが、これにも「新興所得層」に頼るとしていた。釜山港と工場を含む慶尚南道では「新興所得層に頼む」として労働者層からの預金を獲得しようとしていた。

一九四五年になると、もはや闇賃金やインフレの進行は公然たる事実として報じられるようになっていたのである。

2　朝鮮のインフレと在外朝鮮人からの送金

朝鮮内のインフレーションはさまざまな要因が考えられる。二五〇〇万人の人口の内、約五〇〇万人程度の人々が朝鮮外で労働に従事し、それも働き盛りの人々が中心であった。もちろん、このなかには戦時期以前から日本、中国東北地区に移住していた人々も含まれるが、朝鮮との往来や関係も深かった。それらの人々もすべてではないが何割かの人々は朝鮮の家族や親戚に送金していた。こうした送金について戦時下にはどのような状況にあったのかについて検証していきたい。まず、一般日本在住者と戦時労働動員者の朝鮮内への送金について考えてみたい。

朝鮮内に起きたインフレ現象は労働者不足からの闇賃金の一般化という形で可視化されるが、もう一つ別のインフレ要因を上げておくべきであると思われる。数十万の戦時労働動員者が日本国内で働いていたのであるが、彼らは朝鮮内に一定の経済的な影響を与えていたと考えられる。戦時労働動員者の場合は賃金のなかから強制預金、食費などの分を差し引いた残金を残された朝鮮の家族に送金することになっていた。戦時動員労働者による「国元送金も旺盛になっている向きもある」(5)としている資料もある。

この戦時動員労働者の送金がどのように行われていたのか、行われなかったのか、という点については、まだ、研究が十分ではない。特に送金が行われていなかったという事例もあり、朝鮮との海上交通、通信が維持できなくなった一九四五年になってからは送金は途絶えていたと考えられる。しかし、それまでは炭鉱や大企業等は送金をそれなりに行っていたと考えられる。但し、労務管理システムが十分出来ていなかったと考えられる土木労働者などでは送金確認が出来ないという側面がある。また、動員労働者たちは大量に職場から逃亡していたがその場合には送金はされなかった。こうした問題もあるが、送金が全く行われていなかったということは考えられない。家族に送金がなくなり、朝鮮内にそうした事実が広まることがあれば日本への動員が一層困難になり、総督府支配を揺るがすような問題にもなりかねなかったからである。動員労働者の何割かは家族への送金は実施されていたのである。実際に何円送金されたいたかをメモにして残している人もいる。この送金額は「仮に年一〇万人、一人当たり送金高、年五〇〇円と推定しても五〇〇〇万円だ」と推定している資料もある。(6)

この数字が全面的に正しいとは思われないが、動員労働者の賃金の一部が朝鮮農村に膨大なお金として流れ込んだことは確かである。戦時動員労働者だけでなく一般在日朝鮮人もこの時期には送金していた。総督府は強制預金などでこの資金を吸い上げようとしたが流通もしていた（日本国内からの戦時労働動員者の送金に対しては実に三割が天引預金とされていた。同時に「満州」からの送金にも三割が天引預金されていた）。朝鮮人人口二一、五〇〇万人の内、約五〇〇万人が朝鮮外にいて働き、すべてではないものの送金していた人もいたのである。個人では少額であっても人員が多く、無視できない金額となっていたと想定される。家族への送金が建前であった日本への戦時労働動員では一定額の送金が存在していたと考えられるのである。

日本の一般在住者たちも定住化する人も増加し、戦時下の極端な労働力不足のなかでどこかで働くことが出来た。賃金もそれなりに得ることが出来た。土木労働に従事してる人も送金する人が増えていたと考えられる。また、同時に大都市では事業主になったり、貯蓄をしている人もあり故郷に送金している人も増加していた。全体的にそれまでの失業状態から何らかの職業に就労することが出来た。この時期には故郷に父母、兄弟が生存し、往来も盛んであった。相当数の人々が送金をしていたと考えられる。

日本の労働動員者と一般在住者の送金と同時に「満州」中国各地からも朝鮮内に送金していた。第40表の通り送金量が増加している。膨大な送金があり、これが悪影響を与えているとの認識からこうした調査が行われているのである。

第40表　中国・「満州」からの送金増加状況

単位　千円

年代	中国	満州	計
1942	3,845	116,101	121,946
1943	18,574	133,449	152,023
1944. 1～6	25,359	115,536	140,895

＊　資料「満支より鮮内向資金流入状況と特異の悪影響」『朝鮮検察要報』第8号　高等法院検事局　1944年10月刊による。

このような要素もあって朝鮮には大きな金額が流れ込んだ。こうした要因もあり、日本、「満州」、台湾を通じて朝鮮がもっともインフレが進行するようになっていた。朝鮮のインフレ要因は日本からの投資、総督府財政の膨張などの要因も存在するのであるが、このインフレ要因の重要な一つになっていたのが、戦時労働動員者と一般在日朝鮮人の送金だったことは確かである。農民たちが送金された資金を何に使ったのかは判らないが、一部は土地の購入にあてられたと考えられる。朝鮮の農地価格は公定価格が存在していたのであるが、登記をしていない土地取引の増加に伴って実質的には土地価格は高騰していたと考えられ、それは登記していない取引が多くなり実質的な農地価格は上昇していたと思われる。実際には土地の公定価格は意味をなさなくなっていた。

インフレは戦時経済体制を崩壊させる要因であることは確かで、京城帝国大学の鈴木武雄も朝鮮のインフレの進行について次のように分析している。「空襲の被害はどんな大規模な空襲であっても局地的、局部的なものであるといえますがインフレーションの被害はこれは一国の経済秩序の中枢神経を麻痺させることでありますから全面的であると申して宜しいと思

第41表　朝鮮銀行券発行高　　単位　千万円

年代	金額	年代	金額
1942年　年末	90.8	1944年9月末	220
1943年　年末	133.5	10	245
1944年1月末	148	11	269
2	152	12	314
3	156	1945年1月末	322.1
4	162	2	330.1
5	166	3	357.4
6	181.7	4.23	372.1
7	191	5.26	401.9
8	204	8.15	469.8

＊　除野信道「帝国主義戦争下における朝鮮の経済統計」『経済学論集』16－2.3合併号　1947年9月による。一部省略した。

＊　平壌検事正報告「朝鮮銀行券の膨張に伴う悪性インフレ誘発気運に関する件」『朝鮮検察要報』11号、1945年1月号にも朝鮮銀行発行高についての統計があり、除野論文の数字とほぼ一致する。

うのであります」(7)として、戦争に勝つことも出来ないし、国民が惨憺たる被害を被ると指摘している。

朝鮮のインフレの速度は一九四四年になってから急速に進み「満州国」「台湾」より急速であった。これに伴って朝鮮銀行券の発行高は急速に高くなっていた。一九四五年以降の研究であるけれども朝鮮銀行券の発行高を第41表のように示している。一九四二年末から四五年までに五倍の発行高になっているのである。日本、台湾、「満州国」を通じてもっともインフレが進行していたのである。朝鮮の金融機関はそれまで貸し出し超過が一般的であったが、農民からの供出米の天引き制の強制預金などで預金が膨大に膨らみ、預金超過になっていたのである。

こうした朝鮮銀行券の膨張は朝鮮に危機的な

状況をもたらしていた。「最近に到り鮮銀券のみの急激膨張は……将来なおも激増を窺われ悪性インフレの一歩手前にあり」という認識を当局は持っていたのである。(8)

インフレは一面では先に見たような闇賃金にも見られるが賃金の高騰のみでなく、物資から食糧品まで闇価格が横行し、それが実際の価格のように一般的になっていたと思われる。インフレ下の価格高騰であった。朝鮮銀行券の発行が多くならなければならなかったのである。具体的な物価の高騰の一例を挙げておこう。

一九四三年四月から六月までの海州地方法院管内（黄海道地区）の闇取引の概況についての朝鮮総督府法務局に対する報告ではこの間の概況を、

「今期は麦作の好調が伝えられると共に野菜物の出回、石魚その他の漁獲ありて糧食の不足を補いこれが逼迫感を著しく緩和したるも野菜魚類の価格は其の出回りにも拘わらず公定価格のおよそ三倍の闇値を呼び、就中小売市場行商、露天商の闇取引甚だしく各署をして一斉取締検挙を督励しあり、しかれどもこれが方法の如何によりては闇商人が市場その他に集合するを避け隠密の間に取引を行うに到り取締の困難を来すのみならず、一般家庭の流通を阻害するおそれあり、対策に腐心し居るところなり、とりあえず当面の措置としてはいわゆる一罰百戒の微温的効果を狙う以外には方途なきが如し」(9)としている。

この海州地方の検事局がまとめた資料では豊作にもかかわらず公定価格の三倍の闇値で食糧品が取り引きされていること、闇取引が巧妙で取締が困難であること、取引に厳しい罰を科すと反発されること、効果的な取締方法がないことなどを現状に即して書かれているのである。名目的に取締、実体的には闇が放置されているような状況が広がっていたのである。もちろん、取締は厳しく実施されてもおり、前掲『経済情報』一九四三年一月から六月までの価格統制令違反件数は外の各種統制令違反より飛び抜けて多く、件数では五、六八八件、検挙されたものは一〇、八四九件（地方法院別受理件数）に達していた。

これは海州地方法院管内のみならず、全朝鮮での実状を反映しており、食糧品の闇取締の数的な増加と各管内の多くの実例が前掲経済情報には報告されている。

闇賃金と闇物価があたかも正常な価格として通るインフレーションが朝鮮全体に広がっていたのである。一九四四年から四五年にかけてはさらに闇価格が高騰し、農民の暮らしに影響を与えただけでなく、都市住民も巻き込んでインフレ社会のなかで苦しまなければならなくなっていた。平安南道当局が一九四五年二月に調査したところでは、俸給生活者の家庭は「何処の家庭も赤字」になっていると報道されている（『朝日新聞』西部版北西鮮版一九四五年三月十三日付）。賃金が統制されていたためで混乱は深刻であった。

第三節　戦時末の朝鮮人商工業者たちの動向

1　朝鮮人社会の力量増加

戦時末になると朝鮮社会のなかで果たす朝鮮人の役割は大きくなっていた。朝鮮人人口の増加、労働市場への動員などを通じて社会的な進出をするようになっていた。この要因の一つは日本人青壮年の多くが徴兵、徴用され次第に戦死者が増加し、それに代わるという側面もあるが、各分野で朝鮮人の力量が高くなっていたという現実があった。鉄道、工場をはじめ警察官まで朝鮮人の比重は高くなっていたのである。ここでは朝鮮人商工業者の動向からその社会的な進出の持っていた意味を考えてみたい。朝鮮人商工業者が多くなり、一面では厳しい経済統制下に中小商工業では経済的に立ちゆかなくなった日本人が廃業したり転業することが多くなっていた。本節では朝鮮人商工業者が経営規模は別にしても力を蓄えていたことについて具体的に検討しておきたい。

これまでこの時期を特徴づける評価として日本・総督府による朝鮮支配の一方的な支配・抑圧の強化が存在した時代であると論じられてきた。しかし、それだけではなく社会、あるいは職業に占める朝鮮人の量的増加は社会勢力としての力量の増加として位置づけられるべきであり、一定の社会変動が起きていたと考えることが出来る。

朝鮮社会で全面的な経済統制が実施され、それが朝鮮人にとっては大きな犠牲を強いるものであったという側面もあるが、そのなかでの朝鮮人の勢力獲得という一面も見逃せないであろう。この朝鮮人の量的、あるいは力量の増加は日本の植民地支配の崩壊へつながる要因として存在していたと考えられる。一つの典型としてここで詳細に論ずる余裕はないが、日本人と朝鮮人の差別処遇の象徴的な存在である日本人の役人や会社員などに与えられていた「加給」については朝鮮人側からの批判が強く、対応を迫られていた。

日本人の特権的な立場について「内鮮一体」と言いながら差別はおかしいと、名目を逆手にとってその撤廃を要求することもあったことにも象徴的に示されている(10)。

ついに一九四五年四月一日からは判任官以上の公務員に限ってではあるが日本人のみへの加給が廃止され、名目上は朝鮮人と日本人の賃金は同一となった。加給分が朝鮮人にも加えて支給されたのである(『朝日新聞』西部版　一九四五年四月三日付による)。

朝鮮人側はその力量が増加するに従って巧みな形で抵抗し、総督府はそれらを無視し得ない状況になっていたのである。

総督府は朝鮮人の職業に占める量的な増加とそこから生まれる要求が無視できなくなったときに朝鮮人判任官、奏任官の増加、あるいは朝鮮人処遇改善、勅撰議員の登用などの対応をしてしのがなければならなかった。あるいはそれまでの政策を修正して対応しなければならなかった。

日本人の朝鮮における比重の低下は戦争遂行過程で中国および占領地の民衆の強い抵抗による人的な消耗によってもたらされており、朝鮮国内での朝鮮人の社会的な役割の増大と抵抗とはアジア民衆の日本軍への抗日の動きと軌を一にした行動であったと言える。

これが連合国軍の勝利、日本の敗戦という外因によって一挙になくなり、力量を増加させていた朝鮮人によって朝鮮社会が維持される。これが戦後朝鮮社会体制のなかで一定の役割を果たすようになっていったと考えられる。

本節ではこうした問題意識から、商業組合の動向と日本人との対立、統制経済下での統制実状と転廃業を通じての労働力移動に的を絞って検討し、戦時期末に試みられた政策転換について述べてみたい。どのような部門で朝鮮人の社会的な役割の増加、あるいは力量が増大していたか、それに比例して日本人勢力がどう後退していたかという点に的を絞って考えていきたい。この方法として商工業を取り上げて事実の確認を中心に考察しておきたい(11)。

なお、この問題については韓国では「解放前後史の認識」所収の論文や下恩眞『日帝戦時ファシズム期(一九三七―四五)朝鮮民衆の現実認識と抵抗』一九九八年刊など論文が存在する。しかし、ここではこの議論の前提となる戦時下のいくつかの経済統制下の事実の推移と、それにつれて起きた問題を商工業者を事例として取り上げて検証しておきたい。現実にどのような形での朝鮮人の力量が増加していたのか、戦後への移行期の事実が存在したのかが重要であると考える。

2　日本人商工業者の移動と朝鮮人商工業者

経済統制下に各種業種で転廃業などを余儀なくされていたが、日本人業者は著しい影響を各業種にわたって受けていた。一九三九年から一九四二年までの転廃業を総計すると第42表に示されるように多数になっている。商業は二、二一二戸、工業は五六〇戸、総計で二、七七二戸が朝鮮外に行ったり、廃業をしているのである。これら商工業は必要とされていたのであるから存在していたが移動を余儀なくされたので

第42表　日本人経営商工業者の転廃業

（1939年から1942年10月までの総数）

		商業	工業	計
日本への引揚	戸数	770	264	1,024
	人員	2,819	906	3,725
満支移住	戸数	220	72	292
	人員	916	246	1,162
転廃業	戸数	1,222	224	1,446
	人員	4,727	712	5,439
計	戸数	2,212	560	2,772
	人員	8,462	1,864	10,526

＊　「朝鮮に於ける経済統制並びにその違反の現状について」『経済情報』9号　朝鮮総督府法務局　1943年11月刊　所収。
＊　原表では年度別になっているが総計のみとした。
＊　「満支」などの用語は資料のママとした。

ある。大きな移動であったと言える。

この転廃業の理由が問題であり、それは第43表に示されている通りである。

一九三九年を基準としてこの表を見ると、一九四一年には朝鮮人の経済的・民族的「圧迫」を理由としている廃転業戸数は倍以上になっている。経済統制を理由にしている場合は八倍近くに、徴兵などの軍事的な理由は九倍にもなっている。年々急速に日本人の転廃業は多くなっていったと考えられる。特に転廃業は一九四二年からの太平洋戦争下に経済統制強化、徴兵者・戦死者の増加等の要因によってさらに増加していったと考えられる。

朝鮮人の経済力増大および民族的な圧迫に基因するという転廃業理由について、この資料では次のように概要について説明している。日本人の困難さに較べると、

第43表　日本人経営商工業者の転廃業理由

転廃業理由		1939			1940			1941			計		
		商業	工業	計	商業	工業	計	商業	工業	計	商業	工業	計
朝鮮人の経済力増大及民族的圧迫に基因するもの	戸数	19	20	39	39	12	51	92	3	95	150	35	185
	人員	80	75	155	151	41	192	383	13	396	614	129	743
統制経済の強化に因するもの	戸数	78	12	90	274	39	313	290	38	328	642	89	731
	人員	322	54	376	933	135	1,068	2,213	167	1,379	2,467	56	2,823
経営主の応召、傷痍、戦死に因するもの	戸数	8	1	9	26	10	36	25	12	37	59	23	82
	人員	23	3	26	102	34	136	94	50	144	219	89	206
計	戸数	105	33	138	339	61	400	407	53	460	851	147	998
	人員	425	132	557	1,186	210	1,396	1,689	230	1,919	2,300	572	3,872

＊　出典は表42に同じ。
＊　用語も資料のママとした。

「朝鮮人業者に取りましては之と反対に内地人業者の不利とする処は却って有利なる環境を形成し、統制経済移行後に於けるその発展ぶりは驚異的なるものがあり、一面、一部業者又は消費者層には民族主義的意識から「朝鮮人は朝鮮人の店で」なす、の気運も醸成せられ、内地人業者にして朝鮮人業者にその商圏を蚕食せられ　かくして業績不振のため転廃業を余儀なくせらるるもの少なくないのでありまして、その襲名開業はほとんど朝鮮人業者に占められ彼我消長を著しくするのであります」

と報告している。

朝鮮人の商工業に対する進出が著しく大きくなっていたのである。これを象徴しているのは朝鮮全体の商工会議所の会員数で見ると、一九三七年には朝鮮人会員は五、八四〇人（総数の四三パーセント）であったものが、一九四一年には一四、四八六人（総数の五八パーセント）にもなっていた。具体的に「京城」での増減を見ると食糧雑貨商は一九三八年に総数で四八〇余戸であったが、一九四一年九月末には日本人業者は三〇〇戸減り、朝鮮人業者は五五〇戸増加して八二〇戸になっていた。下駄商の場合一九四一年九月末二七五戸中、日本人経営は四五戸になっていたとされている。[12]

朝鮮人事業者の事業拡大が広がったのである。総督府当局は危機感を抱き日本人中小業者の優先保護政策を採るようになったが、朝鮮人の商工業進出を阻止することは出来なかった。日本人の統制経済下で、あるいは当主の徴兵、戦死などによって優先政策も効果をあげられなかったのである。先に取り上げられているような「朝鮮人は朝鮮人の店で」という朝鮮人側の雰囲気があり、二重の意味で日本人経営の商工業者は撤退しなければならなくなっていたのである。もちろん経済統制は朝鮮人にも厳しく適用されていたので大きな打撃を受けていたのである。こうしたなかで日本人と朝鮮人の利害が対立するようになり、それは朝鮮人側の量的な増加などによって次第に広範なものとなっていた。商業組合の設立を通じて具体的な動きを見ておきたい。

3　商業組合設立と朝鮮人組合員

戦時経済統制はすべての分野に及んでいたが、統制を効率的に機能させるためには各種の業界団体の設立、あるいは再編・強化が課題となった。また、経済統制などによる転廃業が行われ、小資本の朝鮮人商工業者は打撃を受けていた。事業業者ごとの競争が激しくなり統制生産財の割り当て枠の獲得、商品の獲得競争が統制下でも激しくなっていた。原料の確保が第一になり大半の業種に組合が設立されたのである。原料が少なくなるに従って業者間の対立が大きくなっていったという事情が生まれてきた。この過程で朝鮮人と日本人の対立が発生したのである。

（1）朝鮮人の特徴的な行動事例を上げておこう。

慶尚南道の釜山を中心にした慶南洗染商業組合では朝鮮人勢力が強く、日本人役員が排除されるという事態が発生した。

「慶南洗染商業組合の設立に関し一部朝鮮人組合員に於いては民族的偏見より内地人業者の除外を策し自己等のみを以て組合を結成すべく種々打合せをなし同組合設立協議会に於ける創立発起人の選定に際りては議長の指名及選考方法に対し強行に反対し飽迄反対し投票を主張せるにより連記無記名投票をなせる処絶対多数を擁する朝鮮人側により悉く優位を占められ永年組合長として組合の健全なる発達に寄与セル内地人山下福蔵は第四位という劣勢にて今後の組合運営上面白からず、その前途を憂慮せられたるにより参席内地人等はその横暴なる処置に痛く憤激し何れも退場せる処粱（朝鮮人と思われる—筆者注）等は我が意を得たりと北嫂笑み朝鮮人業者のみを以て組合を組織すべく決議をなし散会せるが、所轄釜山署に於いては、本件組合の組織は極めて不純なる意図に基づくものにより関係者を招致の上、厳重警告を発し、其の軽挙妄動を矯め置きたるが本組合の結成に関しては主務課と連絡を執り目下善処中[13]」

として日本人が主導するために何らかの対策を建てたと考えられる。

この組合の会員は朝鮮人が多かったにもかかわらず、それまでは日本人が主要な役職を占めており、この時点になって多数決で役員を選出したという事実は、とりもなおさず朝鮮人側のそれまでにない態度証明であった。朝鮮社会のなかで朝鮮人の役割が大きくなり、こうした事態が起きていたのである。必ずしも釜山のみの「事件」ではなく朝鮮各地で見られた。

例えば経済統制のなかで普州府でも「普州食料雑貨小売商業組合」設立総会が行われた。一九四一年一二月一〇日で太平洋戦争が開始された直後であった。しかし、この創立総会のときに朝鮮人側の会員が自分たちが多数を占めるので議長選出について「議長は国語並びに鮮語を解するものを以て之を充つるべし」として「内鮮両者」が対立したと言われている。朝鮮人側で議長を獲得しようとしたのである。また、このときの朝鮮人要求の特徴は「指導官庁を加えず出席者から役員を選ぶべきである」としたことである。日本人側は道の役人、府尹、警察署員などを加えて役員とすることを求めたが、結局は議長に一任してその場は収まった。当時の状況下では日本人役人や警察署員などがこうした組合を「指導」という名前で統制と動員に従うことが求められたためこれに対する反発でもあった。結局は組合長は日本人がなったが役員の何人かは朝鮮人が占めるようになったと思われる。(14)

こうした事例以外にも商業組合の設立、総会などの議長をめぐる紛争は多く発生している。忠清南道天安邑では当初から総会議長は郡守、あるいは勧業部長が当たるように指導されながら、朝鮮人組合員たちは議長を朝鮮人から選ぼうとして問題になった。朝鮮人が役員になることを望んだのである。(15)

こうした商業組合の役員をめぐる争いはその業界との特権的な利益とも関連して、日本人の利権への朝鮮人としての不平等へ反発する主張であったと位置づけることが出来る点で注目される。次第に朝鮮人が力量を増していたのである。

朝鮮人の経済的な進出は相対的には日本人側の商工業者の危機感として表されている。忠清北道の清州邑では「内地人」商工業者育成のために道警察、内務部長に次のような稟申する事項をとりまとめたとされている。それは、

・官庁に於ける物資配給係は内地人を専任者たらしめること
・経済団体の指導者には内地人を任命すること
・内地人官吏には加俸制度あるを以て内地人たる業者の配給上には右特殊事情を考慮すること
・経済警察の刑事は内地人を任命すること

・内地人の寄付負担は過重なるを以て之を緩和すると共に朝鮮人には強制的に徴収すること

などの事項であった。(16)

露骨な日本人の支配者意識に基づく要求であり、朝鮮人の進出に危機感を持っていたことの証しであろう。このような日本人業者の動向は一部地域に限らず黄海道など他の地域にも見られた。

黄海道の沙里院商工会議所では日本人会議所議員一七名が集まり、「最近朝鮮人業者の経済的進出目覚ましきに反し内地人業者が萎縮退嬰的傾向にあるは拱手諦観の時期にあらず、この際お互い従来の如き蝸牛角上の争いを清算し一致団結し新活動分野を開拓する要ありとし」極秘裏に会談したと報告されている。(17)

朝鮮人の進出に対して日本人が具体的な対抗策を講じなければならないような状況になっていたのである。

なお、このような朝鮮人と日本人の統制下の対立の背景には朝鮮人商工人の増加があった。戦時統制を行うことにより原料はすべて組合を通じて配給されることとなった。それまでは零細朝鮮人業者は登録もせずに自由に市場で商行為をすることが出来たが、統制されると原料、あるいは商品はすべて統制組合を通じて入手しなければならなくなった。組合に入らなければ商行為が出来なくなったのである。各業界の統制経済下での再編が始まっていたのである。

朝鮮人たちはそれまでの露天、行商をやめて一応店舗を構えて登録し商業者として配給を請ける道を選ぶことになった。不足していた繊維製品、酒類、履き物など小規模営業のできる業種が多かった。具体的に木浦における朝鮮人業者の増加を見ると第44表のようになる。

日本人業者は微増にすぎないが朝鮮人業者は二倍を越える事業者が増加しているのである。もともとの数が多かったからこの増加は小規模とは言え地域経済に大きな影響を与え、朝鮮人業者の力量の増加とも言える側面を持っていた。個々の業者は店舗を構えて配給を受けることによって商業活動を続けようとしたのであるが原料、あるいは物資の配給は統制組合に参加していれば均等に行わなければならず、多くの物資が店を構え組合員になることによって朝鮮人も獲得できたのである。総督府の行った統制が登録朝鮮人業者の増加につながり、朝鮮人の組合役員選挙などでの地位獲得要求へとつながっていたのである。

第44表　木浦における朝鮮人業者の増加状況

	日本人	朝鮮人	計
1937年	69	217	286
1942年	75	458	533

＊「朝鮮人業者の進出状況」『経済治安週報』1942年３月14日付、45号から作成した。

こうした業界再編と同時に不要、不急の業種や統制経済で商品が入手出来ずに転廃業が組織的に行われ、日本人業者の事業範囲が狭まっていたことも日本人業者が力をなくす要因の一つとなっていたと考えられる。もちろん、朝鮮人業者が打撃を受けた部分も大きいが統制を逃れ、別の方途で生きる方策を考えていたのが朝鮮人大衆であった。

なお、朝鮮人の進出とともに地方機構のなかにも朝鮮人が増加し、権限を持つと同時に権限の執行をめぐって郡の朝鮮人属が朝鮮人に企業許可を出し、日本人に不許可としたことが「民族意識に基づく企業許可申請書の処理」として

監視の対象になるということも報告され民族的な軋轢が強くなっていたことを伺わせる。(18)

4 経済統制と転廃業

ここでは経済統制の実態、特に民族系の伝統産業にかかる統制と統制による転廃業を通じて戦期末に起きた朝鮮内の社会変動についてふれてみたい。統制下に民族系の産業は戦時動員によって大きな犠牲を強いられたことと、それらが不要、不急産業という名で廃業させられたことについて述べておきたい。もちろん、経済統制は伝統産業以外の全分野にわたる統制で深刻な社会的な影響を与えていた。また、統制への抵抗、他業種の転換による社会的進出についても資料で確認できる範囲で述べてみたい。

朝鮮では朝鮮民衆の生活に欠かせない市場が一定の役割を果たしていた。ところが大半の商品が統制の対象になり市場が機能しなくなるという場面も出るようになった。しかし、物資の消費がなくなったわけではなく、統制の網をかいくぐって商品の流通は継続していた。統制、配給以外の正式なルートを経由していない物資の流通が正式な場となった。それが市場であることもあり、朝鮮人にとっては必要であった市場が総督府にとっては無視、あるいは流通の障害とされるようになった。このため開市日が制限される結果となった。

この時期の朝鮮人にとって健康を維持し、病気と闘うときにもっとも重要な役割を果たしていたのが漢方薬、生薬であった。朝鮮人が郡立病院で入院、治療を受けることは費用負担が大きく、大半の人々が伝統的な生薬に頼り、それをもって治療する漢方医も多かった。こうしたなかで各地に漢方薬の店が出来ており、取引や市場が各地に成立していた。もっとも有名な存在が大邱薬令市であり、朝鮮人にとって重要な市であった。しかし、医薬品として統制対象になるために市場としては機能しなくなっていた。この状況について官側の資料では次のように述べている。

「漢薬材の取引上三〇〇年の古き歴史と伝統を誇る名物大邱薬令市は恒例により一月五日より二月一九日まで開市中なるが作秋朝鮮生薬統制株式会社の創立あり、朝鮮産生薬七二種は一元的に配給統制を実施せらるることとなり鮮内各生産地に於いては任意出荷を抑制し自由取引を禁止したるため殆ど出回り途絶し各委託業者倉庫は勿論卸薬者の手持ち量も払底し各地より来邱する医薬業者等は購入不能の儘帰去するもの多く全く閉店休業状態にして極めて閑散状態を続けつつありて関係業者に及ぼす影響甚大なるものありて其の動向留意中」(19)

とその深刻さについて述べている。この七二種の統制は生薬の大半を占めており、業者も深刻であったが利用する民衆にとっては市場で安い価格で入手出来ないこととなった。これに加えて各地の定期市も開催日数を減らされていた。勢いこれらの商品は必要とされているため、商人たちは独自に市場から出て行商をするようになる。朝鮮人側の別な商業ルートが出来ることとなったと考えても良いであろう。統制違反として取り締まりの対象になったことから、この状況についての黄海道での状況が残されている。

「露天及市場行商人の一斉取締　在来市場の開市日は三月以降半減せられ、これがため露天市場、行商

第45表　市場使用商人数の減少

期間	使用者数
1940年１月１日～14日	2,389人
1941年１月１月～14日	1,494

＊　朝鮮総督府警務局経済保安課『経済治安日報』1942年１月24日付による。

人のこうむれる打撃少なからざるものありて彼らは勢い農山漁村に進出を余儀なくせられたる処、同方面は経済警察取締徹底せず不正取引慣行せらるる虞あるに鑑み、四月中旬より管下各警察署一斉取締計画を樹立実施せるに取締人員一八六四名中検挙三四六名の多数(20)」になったと記録されている。

物資を高く売っている違反者を取り締まっているのであるが、たまたま取締中に検査された人々が一八六四名にもなっていた。公定価格よりも高く売ったということで検挙されているのである。また、物々交換が盛んになったことも報告され、さまざまな形の統制に従わないことが多かった。取締件数も年を追うごとに多くなっていた(21)。

このことは多くの人々が正式な流通機構以外に生活必需品の入手をしていたという証明でもある。日本支配の統制価格から自由に値を付けて売買が広く行われていたのである。統制に服さない世界が広がり、市場でも取締官がいるときには簡単な符丁を使って警戒し、いなくなると価格を上げて取引が行われていたという。意識しなくとも統制に服していれば生活が出来ないため、統制外の取引き行動に出ていたと考えられる。

統制下に市場機能が縮小し、市場に頼らない独自の流通が生まれていたが群山府東栄町、山上町の二つの市場に対する商人の出市状況を見ると第45表のように著しく減少している。

経済統制による市場機能の喪失が進み、一方では市場に頼らない行商人の増加により商品の流通が行われるが、その多くが当局からすれば統制違反の価格と方法で売買されており、実質的な市場機能がなくなりつつあったと考えられる。

なお、市場に出入りしていた業者も物資が統制され、すべての業種に組合を作らなければならなかった。例えば釜山府には豆腐業者が二七名（日本人四人、朝鮮人二三人）営業していたが原料の大豆は配給であり、この配給を確保できなければ閉店したり店を統合しなければならなかった。有利に配給原料を手に入れなければ営業を続けられなかった。

四割近くの商人が市場に見切りをつけて他の手段での商業活動の場を見つけていたと言えよう。もちろん、統制による物資不足、企業許可令の実施、統制通りに売る場合は利潤が少なくなるなどの理由もあるが他の流通手段によって、あるいは転職によって生計を立てようとしていたと考えられる。こうした状況は配給される物資不足による量的な減少などによって、この後の四三、四四年度になるに従い深刻になっていったと考えられる。また、これに比例するように闇の市場・行商、闇の値段での取引が朝鮮社会のなかで一般化していったと考えられる。(22)

朝鮮人商工業者の社会的進出は一九四二年頃までは日本人業者の廃業は朝鮮人業者の進出という要因で日本人が転廃業するというより、第43表に示されているように転廃業理由の第一位は経済統制による原因であり、第二位は徴兵、戦死者の増加によってもたらされていた。しかし、資料で追うことは出来ないが四三年以降は大量の朝鮮人商工業者の登場と闇の値段による流通機構が朝鮮の商工業と消費・流通を支えるものとなっていたと考えられる。日本・台湾・「満州」を通じてもっとも高いインフレ率を示していた朝鮮内では統制は行われていたものの、商工業と流通を支えていたのは朝鮮人商工業者が中心になっていたと考えられる。さらに戦期末の実態を明らかにしなければならないが、名目的には日本人が中心とした商工会や業者団体のなかで実質的な役割を果たすのは朝鮮人商工業者であったと考えられる。こうした朝鮮人の社会的な進出はかつてないほどに大きくなっていたと見られる。それは労働者層の増加として、あるいは総督府が行った農業要員指定制度を通じて農業で果たす朝鮮人の役割が増大したことなどにも示されるような戦期末の朝鮮人全体の力量の増加として位置づけられる。

さらに、商工業者の場合には業界団体の役員選出に見られるように、日本人に明白に対抗して役員選出を行うという組織的とも言える実態も存在している。総督府支配のなかではあり得なかったことが、先に挙げた事例のみではなく、各地で起きていたと考えられる。地域で朝鮮人商工業者が果たす役割も大きく注目される動向であると言えよう。

第四節　農民の離村の増加

1　離村の諸要因

戦時下の農民離村の状況については農民の窮乏、総督府の不採算耕地狭小農民の切り捨てを原因とすること、これら農民が一部は戦時労働動員者として、あるいは一部は流浪する農民として存在したこと、流浪した人の一部は行路死亡人として、年五、〇〇〇人以上の死亡が確認できること、などの実態をあげることができる。離村については拙著『戦時下朝鮮の農民生活誌』でふれたのであるが、ここでは一九四二年の旱害の影響が大きかった全羅南道の事例を挙げて、「離村」という行動をとらざるを得なかった農民の動向を朝鮮全体を象徴する動きとして改めて把握しておきたい。

農民の離村は農民の暮らしが成り立たなくなって起きた現象のようにも思えるが、戦時下の離村にはそれまでと違う要因が存在した。さまざまな要因が存在したが、改めて主な離村原因を含めて箇条書きに述べておこう。事例としては人口が多く、農民離村も多かった全羅南道を中心にあげておきたい。

(1)　朝鮮総督府の政策として狭小土地耕作者で農業生産性が低い農家をなくし、採算性の合う農家づくりを政策としていたこと。離農を止める政策より、下層農民の離村を容認する方針であったこと。全羅南道は「京城」のある京畿道に次いで農村部ではもっとも人口が多かった地域である。

(2)　下層農民の日本などへの戦時労働動員が実施されたこと。当初は家族を残しての渡航であったが、労働契約期間が二年間であり、労働者不足から家族を呼び寄せて日本国内に定着させた。家族単位の政策的な離村とも言える。また、家族単位の「満州」移民も南部各道から動員されていた。

(3)　この年に強化された供出割当の強化、消費規制（米などの消費規制）の強化による生活困難が存在したこと。全羅南道の消費規制では地主・自作農が、一日米一合五勺、雑穀一合、小作人は一日米一合、雑穀一合五勺とされた。残りはすべて供出に回された。自家消費米の自由処分も認められなかった。農業労働は機械化されていたわけではなく、肉体労働でこの量では体力の維持も困難であり、副食もキムチとテンジャン（味噌汁）のみの少ない種類の量と栄養価であった。

(4) 一九四二年旱害の打撃が大きく自然災害は離村を促進した。全羅南道は米作地帯で旱害の影響が大きかったこと。

(5) 太平洋戦争開始による肥料不足に基因する生産減少が深刻になっていた。

(6) 日雇い賃金や労働賃金一般が高騰し、農業外の職につくことが出来れば農業収入を大幅に上廻っていたこと。

(7) 労働動員に応ずれば家族に送金できることなどと宣伝があり、また、日本への小学校を卒業した若い学歴者に対する工場への動員が始まったこと。

(8) 朝鮮内の工場労働者募集が次第に多くなっていたこと。

などの要因が存在したのである。

また、離村の結果として小作権の返還、あるいは耕作面積の減少という米の生産にとって深刻な事態も起きるようになっていたのである。以前は離農した後の耕作地は他の農民が耕作することになったが、離農地の跡地耕作者の充足は困難になっていた。もともと離村農民の小作地は天水田（雨水のみに頼る）など条件の悪い土地が多かった。これは米の減産につながる重要な社会現象であったが、離村傾向に歯止め

第46表　全羅南道の離村者とその耕作面積　1942.12～43.2月の3カ月間

離村原因	戸数	家族数	耕地面積		
			田	畑	計
食糧不足	400	1,825	820反	509反	1,329反
	(7)	(30)	(8)	(3)	(11)
労力不足	43	163	89	94	183
	(2)	(4)		(7)	(7)
供出強化	2	14	6	6	12
肥料不足	2	13	5	8	13
飼料不足	2	10	2		2
その他	16	54	137	36	73
計	465	2,079	959	653	1,612
	(9)	(36)	(8)	(10)	(18)
前期末現在高	809	3,180	1,745	617	2,362
	(41)	(155)	(113)	(19)	(132)
累計	1,274	5,259	2,704	1,270	3,974
	(50)	(191)	(121)	(29)	(150)

＊　朝鮮総督府法務局『経済情報』第9集、1943年11月刊　光州地方法院検事局報告に依る。

＊　（　）内は自作農の離農数、他は小作農。

＊　検事局がどのように離村者の把握をしていたかは明らかでない。他道の調査報告が発見されないことから光州地方法院の独自調査であつたと思われる。なお、調査方法、用語などについての説明は付されていないため内容が判らない点がある。

＊　前期は1942年9月から11月までを言う。

はかからなかったと考えられる。

以下に全羅南道の離村実体について検討する。

2　全羅南道の離村実態

離村数・離村理由と耕作面積について見ると第46表のようになる。なお、ここに示された離村者は全羅南道のすべての離村者ではなく、光州地方法院管内の一部地域の調査結果であると考えられる。

この表に見られるように旱害の影響から食糧不足による離村が激増している。この調査時期は収穫が終わった時点であり、凶作が明らかになり翌年秋までの食の確保の見通しが立たなくなった人々の離村であると言えよう。本表以前の時期、前期、すなわち一九四二年九月～一一月までの食糧不足による離村が五八戸、労力不足が五戸であったから食糧・労力不足ともに深刻になったことを意味している。一九四二年九月から七カ月間で自作農を含めると一、三二四戸、五、四五〇人が離村したこととなる。田畑併せて四、一二四反歩の土地の耕作地から農民が離れたのである。この耕作地は新たな小作人に貸されたり、地主が耕作するなどして休閑地になったのは三六一反（前掲資料による）にすぎなかったが耕作面積の減少につながるものであった。

労力不足を離村理由に挙げている者も多いが、これは日本への労働動員などによる労働力不足と他方面への移動が農村社会に反映していることを示しているのである。こうした耕地面積の減少は農業戸数の減少が農業再編成という名の米の増産に結びついてはいなかったと考えられる。さらに、自作農離村は数が少ないものの五〇戸になっていたのである。耕作面積が少ないが零細自作農が離村している状況が読みとれるのである。これらの自作農は耕地面積の少なさから到底食糧の確保ができなかったものと考えられる。このことは全体的に見ても累計で一、二七四戸の農家が持っていた田畑は総計で三、九七四反であったから、一戸当たりの耕作面積はわずかに三・一二反にすぎないのであり、離村が小作、自作を問わず零細農であったことが明らかになる。

こうした意味では零細農民の処分ということに限って見れば、政策通りの農民の切り捨てが実態として行われていたと指摘できよう。総督府農政の反映であると位置づけられる。なお、この調査時期は秋から冬にかけての比較的に農産物生産物が豊富にあった時点での調査で、以降、春、食糧がなくなり、絶糧農家が増加する春窮期にはさらに離村が進行したと考えられる。こうした全羅南道の事例は南部各道に限らず北部の各道でも共通の現象であったと考えられ、大規模な離村が進行していたと考えられる。

3　離村者の行方

この離村者はどういう職種に「転業」したかについての調査も行われており、第46表の一、二七四戸、五、二五九人の「転業」先を見ておきたい。それは第47表に示した通りになっている。

ここで自由労働とあるのは耕作地を放棄し、日雇い労働者として全羅南道内で働いていたと考えられるが、実質的には毎日仕事が保障されていたわけではなく、失業状態であった人々が多かったことを示している。こうした人々のなかから日本への動員可能な人々が選別されたのである。本表からも大半が三反前後の零細農であったことが確認できる。

鉱山、工場は全羅南道地域は該当工場などは少なく道以外の地域に行って働いていたと想定される。

朝鮮における「満州移民」は困窮した農民が自分で「満州」に行く分散開拓者と集団開拓民に分けられ

第47表　全羅南道の離農者の転業先　1942年12月～43年２月の３月間

転業先	戸数	家族数	転業前の耕地面積		
			田	畑	計
自由労働	364	1,608	718反	502反	1,220反
鉱　山	27	205	71	82	153
工　場	41	217	86	15	101
商　業	5	20	9	8	17
土木建築	1	9	1	4	5
徴　用	7	30	24	25	44
満州移民	3	15	10	2	12
内地移民	6	30	13	7	20
その他	11	45	27	8	35
計	465	2,079	959	653	1,612
前期末現在高	809	3,180	1,743	617	2,362
累計	1,274	5,249	2,704	1,270	3,974

＊　出典については表46と同じ。
＊　徴用は一般的に使われていた用語で日本への戦時労働動員者であったと思われる。この時期は国民徴用令による徴用は少なかった。
＊　前期については表46と同様である。
＊　この数字とは別に帰農者がおり、新たに日雇いから小作農になった人もいた。こうした小作地の転換は広範に行われていた。

る。集団「満州」移民は南部各道に総督府から割り当てられ、各道では負債整理などをさせて、集団で「満州」各地に移住させた。ここに掲載されている三戸は総督府が把握していた集団開拓民であると考えられる。計画では一九四二年から始められた第二次「満州」開拓移民では四二年度のみでも全羅南道に対する割当は四三〇戸に達していた。五反歩以下の農民を送る基準となっていた。なお、男女青年たちも組織的に「満州」に送り込まれていた。四三年になると満州開拓女子勤労奉仕団が南部各道から送り出された。これは朝鮮人満州開拓青年義勇隊員たちの花嫁候補であった。四三年度は全羅南道からは一九名の女性が満州各地に送り込まれた。もちろん、農村男子青年たちも総督府が団を組織し、毎年送り込んでいた。

「内地」移民とされているのは日本への一般渡航者で何らかの方法で日本への渡航証明を入手して渡航した人々である。戦時下でも一般渡航者は増加し続けており、この調査対象者以外にも渡航者が存在したと考えられる。

4　離村と農村社会

先に挙げた全羅南道の事例は一部であるが、こうした離村は南部各道を中心に朝鮮社会に一般的に広がり、一九四五年には二五〇〇万人の人口の内、約五〇〇万人が朝鮮外で暮らし、朝鮮内でも人口移動が広く行われていた実態が存在する。その後も離村は拡大し総督府の刊行物『調査月報』一九四四年一〇月号は「農村人口移動調査」を特集し、離村の事実を明らかにしている。この広範な農民移動は農村からの日本への労働動員、徴兵などを保障するものとなっていたが、同時に総督府の予想を超えた規模になり、農村に労働力不足をもたらす結果になり、労働動員と並ぶ重要な政策課題であった農業生産にも影響を与えていた。この離村は下層農民を中心にしていたことから、朝鮮農村社会にも一定の影響を与えるものとなっていた。

この離村が直ちに一九四二年から始まった三年連続の凶作にどのように影響していたか、ということについてはさらなる検討を要するが、少なくとも農民離村が総督府のねらいとしていた農業生産性を向上させるものではなかったと言いうるであろう。むしろ、離村が農業生産の減退の要因の一つになっていたと考えられる。むしろ、離村した農民、労働者になった人々はそれまでに経験のない苦難に直面したと言える。また、残された農民も過重な供出割当・労働と労働力不足によって食の確保も困難になっていたと評価できるであろう。こうした意味で農民の大量離村はそれまでにない戦争末期の社会変動の基礎的条件になり、離村自体が戦期末の社会変動の象徴的な動きであったと言える。

第五節　農民たちの軍隊からの逃亡

1　徴兵された農民たち

朝鮮内の経済的な混乱やそれに伴うインフレ、あるいは食糧不足に伴う離村などは朝鮮社会に一定の変化をもたらしていたと考えられる。それを反映しているのが日本の支配秩序に従わない、あるいは逃れようとする動きである。それらの行動は取締の対象になっていた闇取引（公式な消費ルートは機能しなくなり生活が維持できず闇取引が消費機能を果たすようになっていた）を公然と行うこと、労働動員から逃れるために逃亡や自ら指を切断すること、商工人が権利を守るために相談して役職を獲得することなど、それぞれの立場で表現が違うが広範に起きていたと考えられる。こうした朝鮮人の闇取引や経済統制違反などは統計的にある程度把握できるのである。ここでは朝鮮社会の変化を、この時期の新たな支配秩序の基本政策になった徴兵に伴う農民の行動を探ることによって考えたい。特に徴兵後の部隊に配置後の逃亡という徴兵忌避について見てみたい。

朝鮮人の徴兵忌避の記録については朝鮮人学徒兵たちの抵抗を描いた一・二〇学兵史記刊行委員会『一・二〇学兵史記』(23)があるが、学徒兵以外の一般兵士の逃亡などの抵抗については全体像をまとめた資料はない。

戦時末の日本軍の兵力不足は深刻になり一九四二年に朝鮮人の徴兵が決定し、一九四四年九月から徴兵が開始された。徴兵検査後の四四年九月から入営が始められて、各地の部隊に朝鮮人が配置された。この場合、日本語がある程度できる者を中心にした陸・海軍兵とは区分された補充隊、勤務隊といった食糧生産、輸送などの軍労働に従事する人々の部隊が編成された。学徒兵は地主の出身者が多かったが、補充隊、勤務隊に配置された人々の大半は農民出身者で日本語の判らない者も多く存在した。(24)

朝鮮内の都市居住者、農民、日本、中国東北地区、中国などにいた朝鮮人で徴兵年齢に達していた人々はすべて徴兵対象者になった。人口構成から見ても朝鮮在住者は農民出身者が圧倒的に多くなっていた。この内、徴兵され軍労働を目的にしていた補充隊、勤務隊に配置された人々は所属部隊が決定し配属されて行った。徴兵は一九四五年春にも実施された。

2　ある部隊の逃亡者名簿

ここで取り上げるのは一九四四年に徴兵され、補充隊に配属されていた一部隊の朝鮮人が逃亡、脱走した記録である。これはこの隊の「留守名簿」から作成したものである。資料の正式なタイトルは「平壌師団区砲兵補充隊　朝鮮第二四七部隊留守名簿」である。このなかから逃亡した本籍が朝鮮にあるものについて一覧にしたのが第48表である。

この部隊は将校三二名、准士官七名、下士官一七三名、兵七一八名、合計九三〇名で構成されていた。徴兵された朝鮮人は兵に分類されていると考えられるので七一八名の内、第48表に掲げた逃亡兵は四四名である。兵全体に対する割合は約六パーセントでこの朝鮮人が逃亡したこととなる。この部隊には兵として日本人も多くいたために在隊した朝鮮人の人員は総計二〇九名になる。この内、逃亡したのは四四名であるので朝鮮人在隊者全体と比較すると、朝鮮人のみの逃亡率では二一パーセントになる。五分の一強にもなるのである。

全兵士の六パーセントという数字や全朝鮮人隊員のみの逃亡率二一パーセントという数字は極めて高い逃亡率と言える。

なお、二〇九名の朝鮮人兵の内、逃亡者以外に「召集解除者」が七名存在する。これは総朝鮮人兵の三パーセントに相当している。「召集解除者」は徴兵したもののケガ、病気などの理由によって除隊となった者である。この「召集解除者」三パーセントと逃亡者二一パーセントを合わせると二五パーセント弱と

第48表　朝鮮第247部隊留守名簿逃亡者一覧（1944年度徴兵分）

1945年4月5日現在

逃亡年月日	本籍地	氏名	逃亡年月日	本籍地	氏名
1944. 9. 5	慶尚北道	武川寿永	1945. 4. 8	黄海道	金光永国
1944. 9. 5	慶尚南道	檜山福順	1945. 4. 8	黄海道	清原基国
1944.10. 8	平安北道	宮本先鏞	1945. 4. 8	黄海道	木原徳起
1944.10. 9	平安南道	永江偉新太郎	1945. 4. 8	平安南道	林尚三郎
1944.11.12	平安南道	井上治燮	1945. 4. 8	黄海道	安田仁順
1944.11.12	平安南道	清原武冨	1945. 4. 9	平安南道	青山能源
1944.12.16	平安北道	青木将男	1945. 4. 9	黄海道	金山斗秀
1945. 2.21	平安北道	白川明義	1945. 4. 9	平安南道	金村応泰
1945. 3.11	黄海道	石井基勲	1945. 4. 9	平安南道	雲村永化
1945. 3.16	黄海道	木村斉善	1945. 4. 9	平安南道	松本洙彬
1945. 3.20	黄海道	延日乃連	1945. 4. 9	平安南道	山口考淳
1945. 3.20	黄海道	岩本宗柏	1945. 4.10	黄海道	除川泰善
1945. 3.20	黄海道	金山源弼	1945. 4.12	慶尚北道	金海末龍
1945. 3.22	黄海道	朴載和	1945. 4.15	平安南道	金應鎬
1945. 3.25	平安北道	高石敏雄	1945. 4.15	平安南道	木下興善
1945. 3.28		国本浩善	1945. 4.17	平安南道	徳光秀信
1945. 4. 2	京畿道	石田俊赫	1945. 4.18	京畿道	高島石根
1945. 4. 5	京畿道	南俊祐	1945. 4.18	京畿道	本田栄植
1945. 4. 7	黄海道	金山国補	1945. 4.19	平安南道	金光□洙
1945. 4. 7	黄海道	平山興均	1945. 4.24	黄海道	松本樂弼
1945. 4. 7	黄海道	全山益根	1945. 4.24	黄海道	山本徳聖
1945. 4. 8	黄海道	金山銀傳	(日付未記入)	黄海道	金山容宅

＊『平壌師団管区砲兵補充隊　朝鮮第247部隊留守名簿』防衛庁図書館蔵　中央軍事行政名簿382による。

＊朝鮮人としての区分は本籍地区分によった。本籍地移動の自由はなかったため、氏名だけではなく朝鮮人であることの確定要因となる。

＊この名簿に逃亡と記録されている者をリスト化した。他にも平壌師団管区の補充隊留守名簿も存在するが逃亡記載がないため本資料を取り上げた。

＊朝鮮人氏名は創氏改名後の氏名で記録されている。一部氏名の漢字に判読できない部分があった。

＊空欄は資料で確認出来ない。

なる。極めて高い比率である。この逃亡などは徴兵した者が戦場に行く前に朝鮮人のみが二五パーセント弱も損耗したことになり、部隊組織そのものが維持できないような側面を持つことを意味していた。

日本人の場合は逃亡者はほとんど見ることができない。また、召集解除者も極めて少ない。このために朝鮮人の逃亡などは日本軍のなかでは極めて重要なこととして受け止められていた。

さらに、この逃亡率、召集解除率の高さとは徴兵以前に、①徴兵年齢に達した者が居住地から行方をくらます、②自傷行為によって障害者になる、③徴兵検査を受けないなどのさまざまな方法で徴兵逃れをしていたが、そうした方法が採れなかった者が徴兵に応じさせられていたことを前提にして考えるべきである。

第48表の逃亡年月日に見られるように一九四四年九月から朝鮮人に「召集令状」が警察官によって配布されたが、九月五日には二人の朝鮮人兵士が逃走している。入営した直後であると推定される。以降、一九四五年一月を除けば毎月、継続的に逃亡者を出している。こうした逃亡者に対しては厳しい警戒と逃亡後の捜索が行われていた。発見されれば軍事裁判にかけられることになっていた。それを判った上で覚悟して逃亡が毎月のように継続していたのである。平壌には他にも補充隊が存在し、朝鮮人の逃亡としての記録は残されていないものの逃亡は存在していたと考えられる。

一九四五年四月八日と九日には各六人宛逃亡している。個別の行動か、計画された脱走であったのか、具体的な経過は明らかではないが集団逃亡とも言える状況になっていたのである。軍当局も毎月のように繰り返される逃亡に対して厳しく警戒するなかでも集団的に逃亡が実行されているのである。この資料の基になっているのは「留守名簿」でこの部隊は四月末頃に移動したと思われ、移動先に不安を持った兵士が逃亡したとも考えられる。

こうした逃亡の事実はそれまでの日本軍のなかでは考えられないことであり、徴兵された農民たちの軍に対する反軍・厭戦的な行動であったと考えられる。もちろん、さまざまな事情から逃亡できなかった、あるいは、逃亡しなかった朝鮮人兵もおり、それらの人々のことも考えなければならないが朝鮮人たちの脱走行動は朝鮮人農民、あるいは農民以外の朝鮮人の日本・総督府に対する考え方、評価として位置づけられる。

3　朝鮮人兵逃亡の意味するもの

朝鮮人兵の逃亡はこの部隊に限ったことではなく、一般的に逃亡が行われていた。この部隊の所在地、平壌では一九四四年一月二〇日に「平壌部隊学兵事件(25)」が起きており、この「反乱」の内容は朝鮮人学徒兵たちが日本軍に対する抵抗運動を意図していたとされており、この動きはその後、徴兵された軍隊内の朝鮮人にも知られていたと考えられる。

朝鮮人の学徒兵は意識的に反軍行動を行い得たが、補充隊へ徴兵された朝鮮人の大半は農民であった。農民がどうして第48表に示されているような逃亡を行ったのであろうか。農民たちも逮捕されれば重罰が加えられ、郷里の親族も調べられることは判っていたと考えられ、逃亡は勇気の要る行動であった。それでも逃亡を敢行したのである。いくつかの要因をあげておこう。

(1) それまで徴兵決定後に短期間の「日本人軍人」としての訓練を受けていたと考えられるものの、日常の軍用語すら十分ではない人も多かったのである。集団行動、集団生活などを経験しない人々が軍組織のなかに組み込まれたのである。そこでは一般的に暴力が横行し、それまでの農民生活と全く違う生活空間が広がっていた。

(2) 軍隊＝皇軍、そのものの意味についても天皇との関係など大半の朝鮮農民については意味不明なことであった。日本人の場合は小学校教育のなかで、卒業後は青年学校などで軍人になるための教育が行われていたものの、徴兵年齢の朝鮮人にはこうした教育は全く行われていなかった。これら徴兵対象の朝鮮人普通学校男子就学率は一九二五年で二四パーセントにすぎなかった。さらに普通学校に入学しても卒業まで在学した生徒は少なかった。卒業後は日本人は青年団・青年学校で軍事教育を徴兵年齢まで一貫して受けていたが、朝鮮人にはそうした施策は一部以外は行われていなかった。したがって命をかけた軍の行動に同調し、愛国心などを持ち得なかったのである。

(3) 徴兵者はそれまで家庭の中心的な働き手であり、徴兵後に支給される給与では家族がインフレの最中にあった朝鮮では暮らすことができず家族の生活不安があった。

(4) 軍隊内の軍事訓練と軍事施設の建設などの労働が厳しかったこと。

(5)　この段階では朝鮮人の間には日本の敗戦を予想する者が多くなっていた。この補充隊には兵器も渡されていなかったと考えられ、敗戦の予知と解放への期待が高くなっていたこと。

(6)　農民たちの多くが農村に定住していた者のみではなく、日本での労働経験や、国内動員による労働で社会的な体験を積み、特に徴兵された年齢の人々は農業以外の労働を経験していたと思われる。

(7)　「召集解除者」がいることにも見られるようにケガ、病気になる者が多く、それらの原因が軍内暴力や慣れない厳しい訓練にある場合があり、それらについて恐怖心を持っていたと考えられる。

などの要因が考えられる。

朝鮮人農民は各種経済統制が名目的になっていたことを闇賃金、闇物価高、極端な物資不足などから体験的に知っており、軍からの逃亡を実行することに対しても大きな抵抗感を持たなかったと考えられる。朝鮮人農民は軍の一員になっても逃亡が自らの利益となると考えて逃亡を実行していたのである。朝鮮人の軍からの逃亡が示しているのは、もはや軍の統制、総督府の統制が農民に行き届かなくなっていた事実である。

逃亡は朝鮮人農民の戦時支配に対する厭戦的な農民の雰囲気を具体的に、象徴的に示しているのである。

なお、この部隊には朝鮮在住日本人徴兵者と日本人高齢再召集者が極めて多く配属されていた。日本軍の兵力不足を象徴的に示している部隊でもあった。また、この隊に所属していた朝鮮人兵士の内、多数が他の部隊に転属となっている。理由については資料に記載されていない。

注

(1) 前掲『大陸東洋経済』一九四五年二月一五日付による。
(2) 拙著『戦時下朝鮮の農民生活誌』を参照されたい。
(3) 朝鮮総督府高等法院『朝鮮検察要報』九号、一九四四年九月号による。
(4) 一九四四年『労務対策緊急要綱』などによる。
(5) 『思想対策資料』一九四四年九月による。
(6) 「検討を要する朝鮮の資金自給論」『大陸東洋経済』一九四四年九月一五日号による。
(7) 「朝鮮のインフレーション」『大陸東洋経済』一九四五年五月一日号、朝鮮経済倶楽部講演記録。
(8) 平壌検事正報告「朝鮮銀行券の膨張に伴う悪性インフレ誘発気運に関する件」『朝鮮検察要報』一一号、一九四五年一月号所収による。
(9) 朝鮮総督府法務局『経済情報』第九号、一九四三年一一月、一九四四年月刊、一一五ページによる。一部読点を付し、読みやすくした部分もある。
(10) 東洋拓殖株式会社平壌支店では加給について朝鮮人社員が不当であるとして会社首脳に「陳情」したと記録されている。警務局経済警察課「経済治安情報」六四号　一九四二年七月二五日付による。
(11) なお、戦時下の朝鮮社会理解を基本的には次のように理解して論じていきたい。名目的には朝鮮人は日本人とされていたが現実には朝鮮人は朝鮮人社会に暮らし、明確に日本人社会と区分された社会であったと考えている。朝鮮には朝鮮人社会と日本人社会が二重に存在していたと考えられる。内鮮一体は日本人側の願望であり、一部の朝鮮人の日本に迎合する言動は虚構であったと思われる。
(12) ここにあげた数字などの資料は第43表の資料と同一である。

(13) 朝鮮総督府警務局経済警察課『経済治安週報』第六八号、一九四二年八月二四日付による。
(14)『治安経済日報』八号、一九四一年一二月二九日付による。
(15)『治安経済週報』一二号、一九四二年九月二二日付による。
(16) 前掲『治安経済日報』一四号、一九四二年一月一二日号付による。
(17) 前掲『治安経済日報』一四号、一九四二年一月一二日号付による。
(18) 朝鮮総督府警務局経済警察課『経済治安週報』六八号、一九四二年八月二四日付による。
(19) 朝鮮総督警務局府経済警察課『経済治安日報』第二二号、一九四二年一月二三日付による。
(20) 朝鮮総督府警務局経済警察課『経済治安週報』五四号、一九四二年五月一六日付による。
(21) 取締件数は『帝国議会説明資料』や外務省外交資料館『茗荷谷文書』などに統計として掲載されている。この問題を取り上げた論文としては、松田利彦「総力戦期の植民地朝鮮における経済統制法令の整備と経済犯罪」『世界の日本研究』二〇〇二年、国際日本文化研究センター、二〇〇三年刊がある。実態としては「一罰百戒」という言葉に表現されるような取締の実態もあり、生活全般にわたる統制違反が存在し、統制違反をしなければ生活を維持できないという側面が存在したと思われる。
(22) インフレ率が朝鮮より低かった日本でも闇の取引が一般化し、それに頼らなければ都市住民の生活が維持できなくなっていたが、朝鮮の場合は漢薬の事例に見られるように統制が厳しかっただけ余計に農村まで広がっていたと考えられる。闇ルートが正式流通機構として機能していたので辛うじて生活が出来たのではないかと思われる。
(23)『一・二〇学兵史』は韓国一・二〇同志会中央本部が一九九〇年に刊行した。全三巻で第二巻が「抵抗と闘争」にあてられている。日本の大学に在籍した者が中心になり、抵抗を試みたが弾圧された。一般の朝鮮人徴兵者を連れて集団的に逃亡した場合もあったとされている。

(24) 朝鮮人の徴兵制の歴史的な経過や実施概要については、拙著『戦時下朝鮮の民衆と徴兵』総和社、二〇〇一年刊を参照されたい。

(25) 朴性和「平壌部隊学兵事件」『一・二〇学兵手記』第二巻所収に意図、経過などについてふれられている。

おわりに——植民地支配末期の朝鮮人民衆と日本——

1　植民地末期の朝鮮

朝鮮人民衆の大半を占めた農民の生活に焦点を当てて、日本の植民地支配との関連についてあとづけを行った。一般に言われるような、朝鮮は戦場にならなかったから、あるいは経済統制が厳しくなかったから暮らしやすかった、といった見解は全くの日本人植民者の目を通した印象であり、実際は厳しい生活を強要されていた。その実態は他のアジア諸国の民衆が被っていた被害と何ら変わるところはなかった。

朝鮮内の経済的な混乱と労働力不足を背景にした人為的な凶作、アジアでもっとも高いインフレ、食糧統制・強制供出下の食糧難、栄養不足などは農民たちの生命の維持を脅かすような事態となっていたことが明らかになった。朝鮮内の戦時下朝鮮人の生活破綻は日本人が考える以上に深刻であった。朝鮮総督府はこれを利用し、政策として下層農民たちを朝鮮内外に強制的に動員し続けた。

ここではふれることができなかったが朝鮮人たちは軍属として、兵士として大量に朝鮮外に動員され、軍属たちの一部はサイパンなど太平洋上の島々で戦闘に巻き込まれ犠牲を出した。「満州」にいた朝鮮人、中国にいた朝鮮人も兵士とされ戦場に送られた。徴兵された人々の一部は軍の労働者として動員された。この場合も犠牲者も多いが、彼らに対する日本政府の調査や補償は行われていない。

日本国内に戦時労働動員されていた人々も炭鉱や土木現場、工場で犠牲者を出したが、その数すら明確ではない。それまで日本に渡航し、差別のなかで労働していた人々にも兵士としての動員や工場などへの勤労動員などが実施された。(1)

また、日本に強制動員された人々を含めて在日朝鮮人のすべては「協和会」という特別高等警察体制下で「創氏改名」、神社参拝、強制貯金、子どもたちには協和教育という皇民化教育が実施され、朝鮮語を知らない若者たちを大量に育ててしまった。日本国内でも本国より徹底して皇民化政策は厳しく実施されていたのである。(2)戦争末期の空襲では厚生省の数字で朝鮮人二三万人が戦災者とされているが、各地の事実は明らかにされていない。

一九四五年三月末には戦災者たちが大量に釜山港に帰国し、総督府は救護所を作らなければならなかったほどである。広島・長崎では大量の朝鮮人労働者が爆死し、被爆した。

こうした一九四五年に至る植民地支配、朝鮮人支配の上に立って帝国日本が存在したことは歴然たる事実である。このことを踏まえて日本の歴史的な位置と日本人の歴史認識を確認する作業が必要であろう。

2　朝鮮農民の動向

朝鮮は日本の敗戦が近くなるに従って矛盾のしわ寄せをうけ、農民はさまざまな困難に直面していたが農民たちは統制の網を破り、闇経済のなかで生活の方途を見出そうとしていた。実にさまざまな方策で生活を維持していたのである。都市における「新興所得層」は闇の高賃金を求めて農村から流入した人々で構成され、当局も取り締まれないような状況で、かえって貯蓄目標を達成するために彼らを頼りにするという事態も生まれていた。また、陰暦が一般的であった朝鮮では一九四五年の旧正月を迎えたが釜山では次のような事態も生まれていた。「旧正月に釜山の大工場がずらりと休業したことは敵前増産に寸秒を争う今日信じられぬ事実である」として、工場幹部が「労務者」を引っ張っていこうとする熱意がないということを嘆いているのである。(3) この時期の新聞にはこうした戦争に一定の距離を置く事態を嘆く記事が多く見られるのである。朝鮮外からの送金については三割以上が天引きされ、預金を下ろせなかったが、これも郵便局の紛争の種子になっていると報じられている。農産品の横流し、「隠匿」農産品の供出未納、農民の「食いすぎ」などさまざまな問題が報じられている。個々の農民たちの行動は小さい行動と言えようが、この動きが朝鮮社会、農民世界全体に広がっていたとすれば、支配体制を揺るがしかねない問題を内包していたと言える。実際に統制が困難な事態がさまざまに起きていたのである。社会変動の前触れでもあった。

朝鮮総督府は一九四四年末に朝鮮人に対する処遇改善策を発表しているのがその表れで、官吏給与の日本人との差を無くすこと、渡航証明制度をなくし渡航の自由を認めること、送金の三割天引きを一割にすること、三反歩以下の農民の供出を無くすこと、などである。本書で述べたような畑地転換や水稲畦立栽培などもそうした脈絡で考えることができよう。支配体制の危機が全面的に直面していたが故の政策転換であったと考えられる。しかし、この政策転換も一部が実施されたものの、大半は実効のないものとなって一九四五年八月を迎えることとなった。朝鮮農民たちの生きるための統制を無視した行動が朝鮮社会に広く存在したことが戦後社会を準備するものとなっていたのであり、植民地下の鉄道や病院建設などのインフラ整備が戦後社会を形成する主要な側面になっていたわけではない。歴史的には新たにこの時期の農民の行動が戦後社会形成の主要な側面として位置づけられなければならないであろう。

3　いくつかの課題について

朝鮮農民の食と栄養状態、朝鮮人の平均寿命、四二年からの三年連続の凶作要因、その結果としての農業政策の転換、農民移動など、かなりマイナーとも言える課題を取り上げて植民地支配の問題を考えた。意識的に日本との関連を視野に入れながら植民地支配を見る日本人の認識のあり方について考えてみた。

しかし、これで十分とは言えないとの感じをさらに持つようになった。例えば朝鮮農民の平均寿命と関連した問題では、食の状況の結果の一つの要因として病にかかり、死亡に至る場合もあったが、朝鮮農民の死亡原因の検討はできなかった。一応の道別死亡原因の一覧や風土病の統計が存在するが、具体的にそれがどのような病であったのかが特定できなかった。結核による死亡が多かったと考えられるが、当時の診断では呼吸器病とされたり、風邪とされたりして結核による死因を統計的に捕捉しきれなかった。同時に設置されていた道、あるいは郡立病院に通うことのできた農民がどのくらい存在したのか、とくに本書の課題としてきた朝鮮人民衆の大半を占めた小作農民たちはどの程度道立病院など近代医学の恩恵にあずかった人が存在していたのかも確定できなかった。大半の農民が漢方薬の世界にいたと思われるが資料、あるいは統計的には捉えられなかった。資料的にはこうした課題に答えることは困難であるが、これからの作業課題の一つとしていきたい。

こうした作業を通じて見えてきたのは、朝鮮総督府は小作農民たちの健康維持には関心を持っていなかったということである。ただし、朝鮮総督府は朝鮮にも国民食の設定を考えた食糧政策の必要性から『朝鮮に於ける栄養学の研究』という小冊子資料を刊行しているが十分なものとは言えない。(4) 小作農民について朝鮮総督府は日本にとって必要な利用は考えたものの、食のあり方や生命の維持については無関心であったと言えよう。

さらに三年連続の凶作下における農民の食糧事情は極めて悪化していたと考えられるが、一九四三〜四四年の具体的な事情については部分的に明らかになったとは言え、十分ではない。解明が必要な残された課題は山積みされているのである。

本書では不十分な点があるものの、戦時末期植民地下の朝鮮民衆は他のアジア諸国民衆と同様に大きな被害を受けていたことが確認できたように思う。朝鮮人人口二五〇〇万人のうち約五〇〇万人が国外で暮らし、その生死を含めて危機的な状況に置かれており、朝鮮内に暮らした人々は食糧不足とインフレのなかで苦しまなければならなくなった。日本人としてこのことを歴史的に確認しながら次の作業を進めていきたい。

注

（1）戦時労働動員については山田昭次・古庄正・樋口雄一『戦時下朝鮮人労働動員』岩波書店、二〇〇年刊を参照されたい。

（2）満州国の協和会はよく知られているが、日本国内で在日朝鮮人対策として機能していた協和会については日本人の大半は知らない。これについての概要は拙著『協和会―戦時下朝鮮人統制組織の研究―』社会評論社、一九八六年がある。

（3）『朝日新聞』西部版南鮮版　一九四五年二月二〇日付「週間点射」記事による。

（4）この資料は朝鮮総督府企画部『朝鮮に於ける栄養学の研究』国土計画資料第六輯　同部刊　一九四二年九月刊であるが、内容は広川幸三郎京城医学専門学校教授のこの時点までの論文のダイジェスト版であり、総督府自身の調査に基づくものではない。本資料で広川のこの時点での結論は朝鮮における国民食の決定はさまざまな理由で出来ないとしている。一九四二年からの三年連続の凶作下での食糧問題については論じられていない。

※なお、本書と関係する論文として樋口雄一「植民地末期の朝鮮農民と食」『歴史学研究』八六七号、二〇一〇年六月号所収を参照されたい。

本書で引用した関連資料については樋口雄一編『戦時下朝鮮民衆の生活一～四巻』緑陰書房、二〇一〇年九月刊（予定）に大半の資料を収録してある。図書館などで参照していただければと思う。

〈巻末資料〉朝鮮における肥料供給関係年表

年　月	事　項
一九一二年	この年の紫雲英の作付け面積四三町三反
一九一七年	この年、朝鮮総督府農事試験場でヘアリーベッチの試作
一九二六年	朝鮮総督府自給肥料第一次増産計画を樹立
一九二七年九月三日	粗悪肥料が横行したため朝鮮肥料取締令、同細則など公布（一九二八年一月一日施行）
一九三〇年	咸鏡南道興南に朝鮮窒素肥料株式会社設立
一九三四年六月	平安北道液肥溜の設置と便所の改造を指示、三ヶ年計画で肥溜を六五、三九四ヶ所に増設（朝鮮農会報八巻七号）
一九三六年	朝鮮総督府自給肥料第二次増産計画（一九四五年迄の一〇ヶ年計画）
一九三六年	この年から朝鮮土性調査が各道別に開始される
一九三六年	この年の紫雲英作付け面積一〇万町歩
一九三六年	日本国内で重要肥料統制法、肥料製造業組合令が成立施行される
一九三七年三月六日	朝鮮重要肥料業統制令公布
一九三七年一二月一〇日	朝鮮臨時肥料配給統制令公布　肥料販売、使用、消費、移動などの全面的な統制が始まる。
一九三八年一月	朝鮮臨時肥料配給統制令施行　朝鮮臨時肥料配給統制要綱を決定
一九三八年七月一八日	粗製加里塩輸入、販売を規定

一九三九年四月	朝鮮肥料売価格取締規則公布、以降各種肥料の公定価格が決まる
一九三九年八月	過燐酸石灰等肥料の輸出許可規則公布
一九四〇年一〇月一二日	朝鮮燐鉱株式会社設立、咸鏡南道端川郡新豊燐山の開発に着手
一九四〇年一二月一九日～	朝鮮総督府各道肥料打ち合わせ会、自給肥料増産計画、肥料の配給統制などを打ち合わせ
一九四〇年	平安南道順川に朝鮮化学工業株式会社、平安南道鎮南浦に朝鮮日産化学工業株式会社設立　いずれも肥料生産
一九四一年三月二四日	アメリカからの燐鉱石、実質的に輸入ができなくなる
一九四一年四月	朝鮮総督府一九四〇年肥料年度から自給肥料増産計画を樹立、専任技術員などを増員
一九四一年五月	江原道は肥料の「著しい配給不円滑をきたしつつある」状況に堆肥、液肥の自給肥料増産を計画
一九四一年五月	木浦に朝鮮有機肥料蒐貨販売株式会社創立し、年間五万叺（かます）の魚肥の生産、魚粉工場を設置予定
一九四一年七月二三日	江原道で草刈りと堆肥競技大会開催　一位のものは東京で行われる全日本草刈り選手権大会に参加できる。道内から五二名が参加、競技者の大半は朝鮮人
一九四一年六月～八月	厩肥・野草を原料とする堆肥に期待できないため全朝鮮で麦桿（カン）堆肥奨励運動を行う。農会報で作り方を紹介（七月号）
一九四一年七月九～一二日	京畿道、自給肥料増産施設実施打合講習会開催
一九四一年七月一七日	国民総力連盟事務総長が各道連盟会長に「自給肥料増産運動実施要項を通牒。堆肥増産、緑肥増産、人糞尿、灰類などの増産指示

一九四一年八月一二日	国民総力朝鮮連盟、各道会長に節米と供出の徹底を指示、この指示事項の第二に空き地利用の蔬菜栽培を奨励、このなかで肥料は金肥を使用せず堆肥などを使うことを指示。三は草刈り運動実施要領提示し全道で八月～一〇月に実施するよう決定
一九四一年八月六日	朝鮮総督府農林局肥料の配給協議会を開催
一九四一年八月	忠清北道、一九四五年までの肥料増産計画の改定案を作成
一九四一年八月	黄海道第二次自給肥料増産計画更改、一九四五年までの生産目標数字を堆肥、緑肥、下肥、灰肥などに分けて具体的方法を指示
一九四一年九月一九日	農林局長肥料業者免許取締、統制強化を指示。肥料品質低下、不均一が無認可、無許可輸入、肥料類似品の販売をするものがあるため。「肥料取締に関する件」
一九四一年一〇月一五・一六日	総督府農林局長、各道肥料配給統制打合会で「販売肥料の生産並に配給は愈々（いよいよ）窮屈になり関係当局は勿論営業者必死の努力にかかわらずなかなか予期の成果を挙げ得ない」として自給肥料増産、金肥配給の増産、施肥法の改善を要望し具体化の指示
一九四一年一〇月二二日	農業懇話会で農林局が「肥料の配給は水利安全水田、水利組合区域に対しては配分率を考慮している」と発言
一九四一年一二月二六日	朝鮮窒素、日本窒素に合併決定
一九四二年二月	忠清南道自給肥料競進会開催
一九四二年五月	全羅北道緑肥競進会開催
一九四二年五月二一日	日本農林大臣内外肥料担当者を招集して八－一二期の無機肥料内外需給審議、朝鮮からも参加

一九四二年七月一六日　肥料配給統制会議開催、各道金肥割当と自給肥料割当を協議
一九四二年八月六～八日　朝鮮農会が各道の技術指導員などを対象に一六〇名に肥料講習会を開催
一九四二年八月二〇・二一日　東拓で自給肥料増産座談会開催
一九四二年八月　慶尚南道、堆肥増産奨励に関する件を通知、各農家に平地で反当二〇〇貫以上、高地帯一五〇貫を割当などを決定。堆肥督励班設置、草刈り大会開催などを決める
一九四二年一〇月　東拓八三農場の堆肥増産品評会開催
一九四三年二月　総督府農林局長が一九四三年度産麦類肥培管理督励要綱を各道知事に依命通牒
一九四三年八月一三・一四日　自給肥料のために「全鮮草刈競技大会」開催される
一九四四年一月二四日　朝鮮総督府塩田農商局長、「金肥不足の現況に対処する道は唯自給肥料の増産によって補給いたす外に採るべき手段は無いのであります」と訓示。『調査彙報』朝鮮金融組合連合会、一九四四年二月号
一九四四年一二月　総督府で 春肥道別割当を行う各道肥料主任打ち合わせ会開催。一二月から四五年七月までの期間のための会議で各道自給肥料増産状況について話し合いが行われた。農会報一八－一号
一九四四年　この年、満州化学を中心にする満州硫安は石炭生産の減少によって大幅な減少となる。鴨緑江の送電事故、撫順炭鉱のコレラ発生、機械の故障などの要因
一九四五年四月一四日　自給肥料増産のために清州では各面に肥料奨励指導員を設置と報道される（『毎日新報』一九四五年四月一四日付）

＊ 本年表は『朝鮮農会報』各号、朝鮮総督府官報、三須英雄『朝鮮の土壌と肥料』一九四四年刊等から作成した。
＊ 日本国内の肥料状況に就いては朝鮮と関係が深いものの、省略した。

あとがき

本書を執筆した動機の一つは在日朝鮮人が強制動員を含めて一九四五年までに二百万人以上になり、日本の差別社会のなかで暮らさねばならなかった歴史的事実解明のためである。この多数の移動の原因は植民地支配下の朝鮮における農民生活のなかにあり、なかでも食が確保できない状況が生まれていたためであると思われる。食が保証され、あるいは外圧が無ければ人々は簡単に故郷を離れることはない。この食の問題を中心に実証的に明らかにしておくことが必要であると考えたために勉強を始めたのである。それは朝鮮農民たちが勝手に出稼ぎに来た、植民地朝鮮では鉄道を通し、農業を近代化して朝鮮の近代化に貢献したというような議論が多く見られるようになってきたためでもある。

本書では戦時下の朝鮮農民の食の実態とその平均寿命に影響していたこと、三年連続の凶作、そして朝鮮総督府でさえ政策転換を天皇に上奏しなければならなかったことについて述べた。そのなかでの朝鮮農民たちの朝鮮内での行動についての事例を取り上げた。このことはこれまでほとんど取り上げられなかったのである。本書が少しでも植民地支配の実状を日本人が知る上で役立てられればと思い刊行することとしたのである。

本書の執筆には戦時下の資料を主に使ったが、これは多くの人々にお教えをいただいた成果であることは言うまでもない。また、日本国内の図書館、韓国の図書館と友人たちにもお世話になった。個々にお名前や施設名を挙げるべきであるが、あまりにも多くの方で記することができない。日本史の研究者の方々、在日朝鮮人運動史研究会（関東部会・関西部会）、朝鮮地域史研究会、同人海峡など、研究会のメンバーと高麗博物館、強制動員全国ネットワーク、韓国の韓日民族問題学会、民族問題研究所などの人々からは多くを学ぶことができた。心から感謝申し上げたい。

末筆になったが困難な出版事情のなかで本書の刊行を引き受けていただいた同成社の山脇洋亮氏に心から感謝申しあげたい。

二〇一〇年五月二一日

著者

日本《にほん》の植民地《しょくみんち》支配《しはい》と朝鮮農民《ちょうせんのうみん》

著者略歴

樋口　雄一（ひぐち・ゆういち）

1940年　中国瀋陽生まれ。

故、朴慶植氏らと『海峡』『在日朝鮮人史研究』等の刊行を続ける。朝鮮史研究会会員。

〈主な編著書〉

『協和会—戦時下朝鮮人統制組織の研究』（社会評論社）、『戦時下朝鮮農民生活誌』（社会評論社）、『戦時下朝鮮の民衆と徴兵』（総和社）、『協和会関係資料集・全５巻』『戦時下朝鮮人労務動員基礎資料集・全５巻』（以上、編・解題、緑陰書房）、『日本の朝鮮・韓国人』（同成社）、『朝鮮人戦時労働動員』（共著・岩波書店）、『植民地朝鮮の子どもたちと生きた教師上甲米太郎』（共著・大月書店）

2010年６月30日発行

著　者　樋　口　雄　一

発行者　山　脇　洋　亮

印　刷　㈲協　友　社

製　本　協栄製本㈱

発行所　東京都千代田区飯田橋4-4-8　(〒102-0072)東京中央ビル内　㈱同成社

TEL 03-3239-1467　振替 00140-0-20618

ISBN978-4-88621-524-6　C3321

同成社近現代史叢書・既刊

①志士の行方
丑木幸男著
二五六頁・定価二九四〇円
佐幕派の志士として活躍、その後自由民権運動に挺身、さらに牧師となった斎藤壬生雄の生涯を通して激動の時代を描き出す。

②学童疎開
内藤幾次著
二四二頁・定価二八三五円
太平洋戦争末期、迫りくる戦火から児童たちを守るために行われた集団疎開。その経緯と生活実態を追求し子ども達の本心に迫る。

③理想の村を求めて―地方改良の世界
郡司美枝著
二一八頁・定価二六二五円
農村疲弊が進む日露戦後、地方改良を伝道し多くの農民の心を捉えた石田伝吉の生涯を辿り、近代の農村の理想像を探る。

④日本の朝鮮・韓国人
樋口雄一著
二二二頁・定価二七三〇円
植民地下の朝鮮半島から来日した人びとの歴史を、差別とともに暮らす様々な生活実態を探るなかで捉えなおす。

⑤青年の世紀
多仁照廣著
二二六頁・定価二六二五円
明治中期、青年団が若者仲間に代わって登場する。「青年」概念がどう拡張し、変容を遂げ、失われようとするかを描く。

⑥一訓導の学童疎開日誌
岡本喬著
二三四頁・定価二三一〇円
昭和十九年、児童を引率して集団疎開した一教師の日誌をもとに疎開生活を再現。平凡かつ異常な戦時下を今に蘇らせる。

⑦軍事援護の世界―軍隊と地域社会
郡司淳著
二五〇頁・定価二七三〇円
日中戦争下、軍は総力戦を戦うため留守家族、傷痍軍人、遺族等への支援に着手。国家的社会事業たる軍事援護を解明する。

⑧東京府立中学
岡田孝一著
二一〇頁・定価二五二〇円
旧制府立中学校、全国から嘱目されるエリート養成機関だった東京のナンバースクールの実像を再現し、その功罪を検証する。

⑨近代日本の戦争と詩人
阿部猛著
二五八頁・定価二六二五円
数々の戦争の中で詩人らは、戦争賛美を詠い、あるいは反戦を訴えた。詩人達の軌跡から近代思想の重要な側面を描き出す。

⑩近代知識人の西洋と日本―森口多里の世界
秋山真一著
二五〇頁・定価二七三〇円
大正・昭和初期に、西洋と日本文化を等距離に見ることを模索した森口多里の足跡を辿り、知識人のアンビバレンスを反芻する。

⑪明治国家と近代的土地所有
奥田晴樹著
二一〇頁・定価二三一〇円
近世とは根本的に異なる近代的土地所有制度が、いかなる経緯をもって成立し、どのような影響を及ぼしたかを、簡潔に解説する。

⑫貴族院
内藤一成著
二八二頁・定価二九四〇円
二院制の原点でもある貴族院の歴史を記述し、各時期の役割や性格、参議院との相違を数々のエピソードを綴り明らかにする。